はじめに

レーザーは「誘導放出による光の増幅」の略語です。アインシュタインが予言した「光の誘導放出理論」が基になっています。と言うと，レーザーって，なんだか難しそうと考えてしまいがちです。中身について知りたくもないなんて，思っている人が多いと思います。レーザーを理解するためには，大学の理系で勉強するような高度な学問が要るのではないかと思っていないでしょうか？いえいえ，中学校の理科程度の知識でも十分理解できるのです。

誘導放出や増幅以外にも，反転分布，共振器，モード，原子と電子，そしてコヒーレンスなど，いくつかの専門用語が出てきます。レーザーの3大特徴は，指向性，単色性，集光性です。初めは面食らいますが，これらに慣れるだけでも理解が早くなります。

レーザーとは「役に立つ新しい光とそれを作る機械」のことです。身の周りにはたくさんのレーザーが活躍しています。自動車工場，半導体工場，工事現場，スーパーマーケット，遠距離通信，ゴルフ場，そして病院でも使われています。

今やレーザーなしには我々の生活が成り立たなくなっています。このようなレーザーのことを正しく理解するための第一歩を踏み出していただくべく，ゼロからやさしく，そして正確に書きました。難しい言葉や数式は使っていませんが，正しいことをごまかさずに書いたつもりです。

本書を読んで，レーザーについて興味を持ってください。きっと面白くなるものと思います。本書は光とは何ですか？レーザーとは何ですか？の問いに答えることから始まって，いろいろなレーザーの構造や特徴についてお話ししています。レーザーの本当の姿を知って，新しい利用法を見つけ，来る光の時代に即応できるようにするのが，本書の目的です。

宮崎大学 名誉教授
黒澤　宏

◆◆◆ もくじ ◆◆◆

第1章 レーザーとは何か？ ― その魅力に迫る

図1-1は，緑色のレーザー光を出しているレーザー装置です。光がまっすぐに進んでいるのが分かります。この光もレーザーですし，光を出している装置もレーザーと呼んでいます。

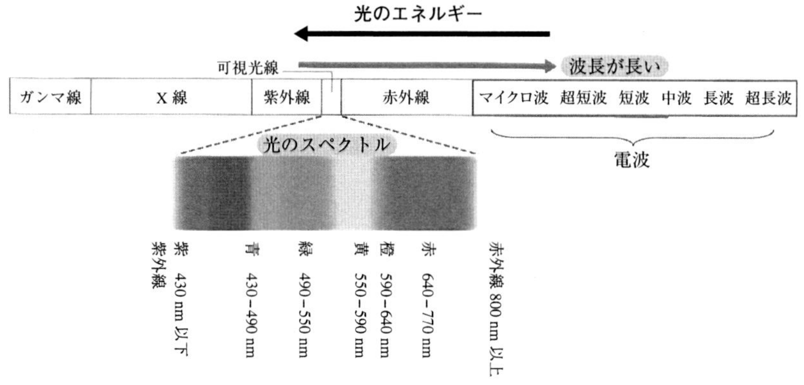

図1-1　レーザーとは「役に立つ新しい光とそれを作る機械」のことです。

レーザーとは役に立つ新しい光とそれを作る機械のことです。光は原子から出てきます。波長によって呼び名が変わります。電波，可視光線，X線は同じ仲間です。

レーザー装置の構造を簡単に描くと，**図1-2**のようになっています。反転分布を持つ媒質(レーザー媒質)，反転分布を作るための外部励起源，レーザー媒質で作られた光を往復させて増幅するための2枚のミラーで構成された共振器からできています。このような難しい言葉も慣れてしまえば，何てことはありません。これから，このような言葉の意味を詳しく，分かりやすくお話ししていきます。

20世紀を一言でいえば，エレクトロニクスに代表される時代でした。電話，放送，医療へとエレクトロニクスが大活躍し，家庭にもどんどん入り込んできた時代です。おかげで，とても便利で快適な生活を送る事ができるようになってきました。今の私たちはエレクトロニクスのかごの中で暮らしているのです。

エレクトロニクスと言えばトランジスタやコンピュータですが，これらと並んで，20世紀最大の発明の中にレーザーが入っています。トランジスタは集積回路（ICやLSI）に発展し，私たちの身の周りにあふれるようになってきましたが，一方のレーザーはそれほどでもありません。でも，「21世紀

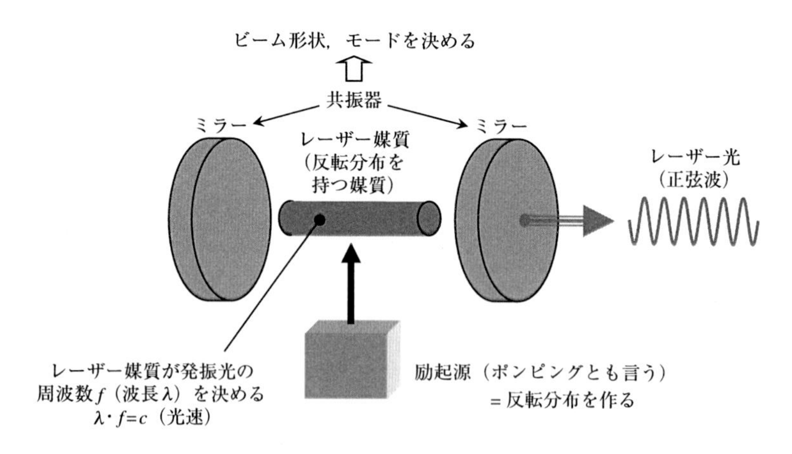

図1-2　レーザーの基本構成

は光の時代」と言われています。光が大活躍する時が来るのです。

レーザーと言うと，何だかむずかしいもの，何だかこわいものというイメージを持っていませんか。実は身近なところで見ることができます。例えば，スーパーマーケットのレジでバーコードを読み取るのに使われています。一度レジの人の側から覗いてみてください。赤色か緑色の光線を見ることができます。

また，CDやDVD，ブルーレイディスクのプレーヤやレコーダにも搭載されています。このうち，ブルーレイディスクとは，青紫色の半導体レーザーを使った高密度な記録を可能にする光ディスクのことです。さらに自動車工場に行くと鉄板を切ったり，穴を開けたり，くっつけたりと，レーザーを搭載したロボットが大活躍しています。通信にも大量に使われていますし，未来の発電といわれている核融合を起こすのにも使われようとしています。

20世紀のハイテク時代は集積回路とコンピュータが作ってきましたが，これらの中で働いているのは電子（エレクトロン）です。電子は原子の中に閉じ込められている極めて小さな粒子です。“…子”は，極微粒子の代名詞ですが，言うならば，電子はそれのご先祖様です。電子が大活躍する現代の人間は，電子の森の住人であると言えるでしょう。電子が原子から解き放たれて自由になったとき，動き回って仕事をします。時には熱になり，時には電気を起こし，そして時には情報を伝えます。

電子は動くことでエネルギーを伝達し，仕事をします。しかしながら，電子は小さすぎて，沢山の電子が集まらないと仕事になりません。例えば，100 Wの電球を点灯させるには1秒間に10・・・・00（0が18）個の電子が必要です。こんなにたくさんの電子が電球の中を走って，やっと100 Wの明るさを出すことができます。

携帯電話では，音声や映像を電子の働きに乗せてアンテナから電波として発信します。相手方の携帯電話では，アンテナで電波を受けて，電子の動きに変え，スピーカーや画面に映し出します。このためには，受信した信号を運ぶ電子の数を多くする，すなわち信号の振幅を大きくする必要があります。携帯電話の中にはこの増幅の働きをする増幅器が入っています。

光の世界でこの増幅器と同じ働きをするものが，レーザーです。増幅だけでなく，光を作り出す，すなわち光の発生器（発振器）もレーザーと呼んでいます。光の速度は1秒間に地球を7周半するほど速いので，送り手側の情報が，ほぼ同時に相手方で見たり聞いたりできるわけです。

電波は，学校で習う正弦波の形をしており，理論（計算）通りに，取り扱うことができますが，もし光が電波と同じ仲間で，正弦波ですと，電波と同じことを光でもできることになります。一般の光は電波とは異なる波ですが，レーザーはまさに電波と同じ形の波であると言えるでしょう。レーザーは，電波でできることを光の世界で実現することが最初の目標でしたが，最近のレーザーの進歩を見ると，電波ではできないことまでやってのけようとしています。

第2章 光は電磁波

光は電磁波です。電磁波とは，その字の通り空間の電場と磁場が互いに振動しながら空間を伝搬する波です。**図2-1**にその様子を描いています。電場とは，空間に存在する電荷に力を及ぼします。磁場とは，磁石に力を及ぼします。磁場はまた，動いている電荷に回転力を与えます。

電磁波の電場と磁場の振動方向は互いに直角であり，電磁波の進行方向は電場と磁場の両方に直角です。電磁波が他の物質に対する影響力を考えると，電場の影響力の方が磁場のそれよりも格段に大きいので，普通は電磁波の電場だけに着目して話しを進めることが多いのです。

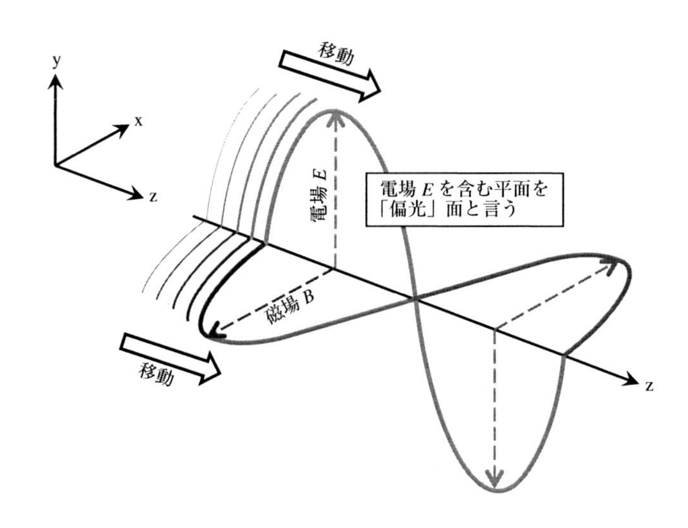

図2-1　電磁波の電場と磁場

このような振動する電場を表すのに，**図2-2**のような最大振幅を半径とする円を描き，その円周上を移動する点Pから水平線に下した垂線の長さPQ

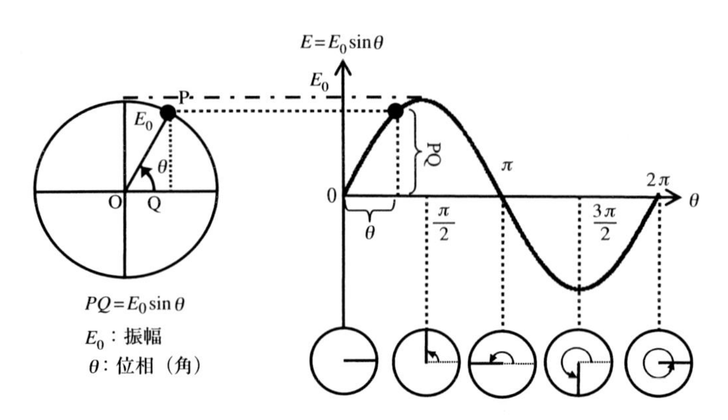

図2-2　振動しながら伝搬する電場

を縦軸に取り，水平線からの反時計回りの回転角θを横軸に取った図を描きます。このときの回転角を位相と呼びます。点Pが円周上を一周すると元に戻ります。一周するとき角度は360°変化しますが，普通はラジアン（rad）単位を使って，一周が2πと書きます。つまり，$2\pi=360°$です。このときの振幅の2乗が，光の強度（明るさ）に比例します。

位相が時間と共に変化することを考え，位相角θと時刻tの間の比例定数をωとして，$\theta=\omega t$と置き換えた時のグラフが**図2-3**上です。ωは電場が振動しているときの角周波数に相当し，周波数fとは$\omega=2\pi f$の関係があります。θが2π変化するとき，tは一周期Tだけ変化します。

さらに，電磁波が空間を進行している様子を表すとき，位相角θと空間位置zの間の比例定数をkとしたときのグラフが**図2-3**下です。$\theta=kz$です。このkは伝搬定数とか波数と呼ばれる量で，$2\pi/\lambda$に等しい値です。このときの一周期が波長λに相当します。なお，周波数と波長の間にはcを光速として$f\lambda=c$の関係が常に成り立っています。

レーザーは，このような波が長時間持続しているものがあります。目に見える波長の光波は1秒間に約10^{15}回振動しています。このような高速振動をとらえることが難しいので，普通は電場振幅の2乗が光の強度に比例することから，光の強度を**図2-4 (a)** のように描きます。常に一定の出力が得られ，連続発振（Continuous Wave：CW）レーザーと呼んでいます。

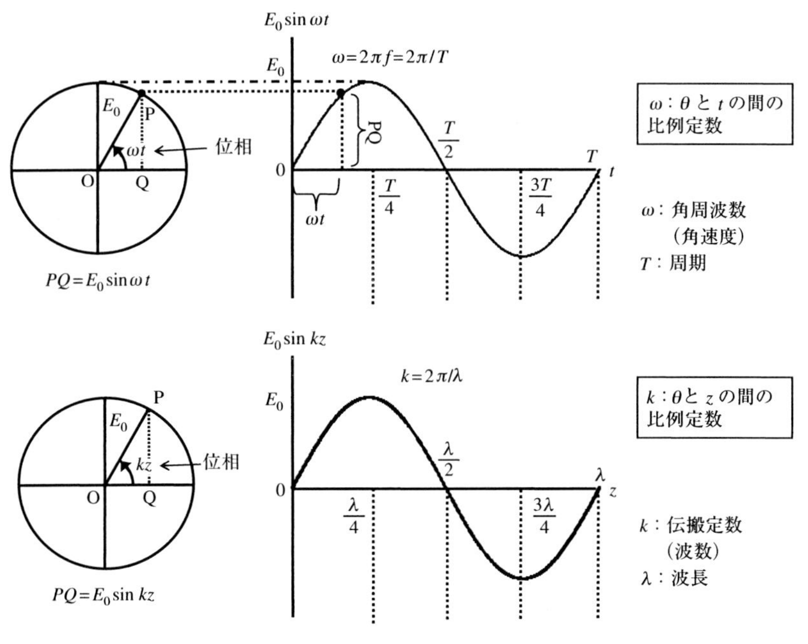

図2-3　電場の時間変化を表すグラフと空間変化を表すグラフ

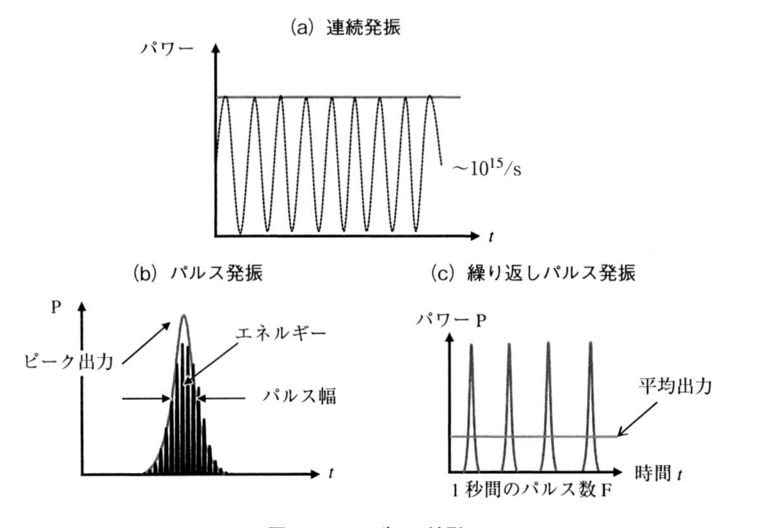

図2-4　レーザーの波形

出力パワーの単位としては，電気がする仕事の単位と同じワット（W）を使います。出力パワーとは，レーザーが出すことができる単位時間あたりのエネルギーと考えられます。数式で書くと，パワー＝エネルギー／時間となります。1ワット（W）とは1秒間に1ジュール（J）のエネルギー割合として定義されます。

また，ある一瞬だけ光を出すものもあります。これをパルス発振レーザー，あるいは単にパルスレーザーと呼んでいます。**図2-4 (b)** のような波形を持っています。この場合も細かく見ると，多数の振動電場からできています。波形の面積が全エネルギーに相当し，頂点の出力をピーク出力と呼んでいます。パルスエネルギーの全エネルギーはジュール（J）の単位で測り，ピーク出力はワット（W）で測りますが，互いの関係はジュール＝ワット×秒です。レーザーの出力パワーは，極めて大きな範囲にわたっています。例えば，全エネルギーが1 mJ（$=10^{-3}$ J），パルス幅が1 ps（$=10^{-12}$ s）のパルスレーザーのピーク出力は，$10^{-3} \div 10^{-12} = 10^{9}$ W＝1 GWとなります。

さらに，一定周期で繰り返し発振するパルスレーザーもあります。その波形は**図2-4 (c)** のようになっています。パルスの繰り返し周波数をF（Hz：ヘルツ＝1/s）とすると，パルス間隔は$1/F$秒に相当します。このような繰り返し発振するパルスレーザーの平均出力は，単パルスのエネルギー×繰り返し周波数で計算できます。すなわち，パルスの全エネルギーが連続していると仮定した場合の出力に相当します。例えば，1 μJ（$=10^{-6}$ J）のエネルギーを持つパルスが1秒間に10 kHz（$=10^{4}$ Hz）で繰り返し発振しているとき，平均出力は$10^{-6} \times 10^{4} = 10^{-2}$ W＝10 mWと計算できます。

第3章 どんなレーザーが，どのようなところで活躍しているのか？

それでは，レーザーがどのように使われているのかをざっと見てみましょう。レーザー光の特徴は①直進性（指向性），②高エネルギー密度，③可干渉性（コヒーレント），④単色性です。これらの性質を一枚の図にまとめたのが**図3-1**です。

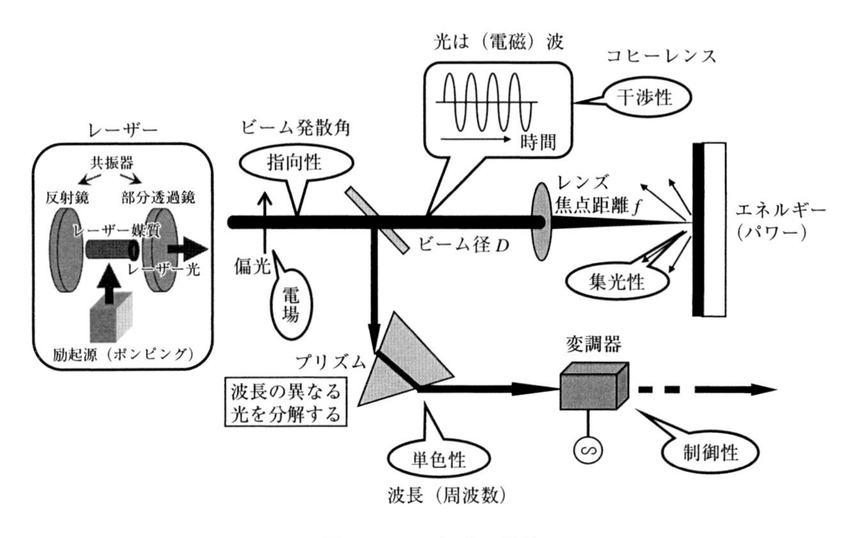

図3-1　レーザー光の性質

図3-2のように，レーザー光は真っ直ぐに進みます。この直進性は，精度の高い位置を割り出すレベル出し（水平面）目的の測量計に使用できます。高層ビル建設，高速道路建設，レールの敷設，トンネル工事などに利用されています。

また，パルスレーザーを使って，距離を測るのにも使われています。人類が初めて，月面上に降り立ったアポロ11号が，46 cm×46 cmの大きさの反射鏡を置いてきました。地球からその鏡に向けてレーザーを照射し，帰ってくるまでの時間を測って，地球と月の間の距離を測っています。38万kmも離れた月までの距離を1 cmの精度で測っているのです。

図3-2 レーザーレーダー

図3-2のように，高い空にレーザー光を照射して，空中にある汚染物質からの反射光を受信して物質の濃度を測ったり，自動車運転中に人や障害物を検知したりして，危険を知らせることにも応用されています。これらをレーザーレーダー，略してライダー（LiDAR）と呼んでいます。

レーザーが最も身近になったのは，小型の半導体レーザーが発明されて以来です。現在普及しているCDやDVDの再生・記録装置に使われています。赤色や近赤外のレーザー光を使って，わずかな凹凸の有無を検出し，音や映像に変えているのです。青紫色のレーザー光は，赤色に比べると，より小さな領域に絞ることができるので，青紫色半導体レーザーを使うと，通常のDVDよりも高密度な情報を読み取ることが可能になります。これがブルーレイディスクです。

図3-3 バーコード

また，スーパーマーケットなどに行くと，レジのところでバーコードを自動的に読み取っている装置があります。商品に付いている**図3-3**のようなバーコードを，ガラス面の上を撫でるようにすると，瞬時にしてバーコードの記号を読み取ります。ガラス面から覗いてみると，赤い線が何本も走っているのが見えます。最近では，緑色のものも使われています。

レーザー光を凸レンズで集光すると，**図3-4**のように，狭い領域に高いエネルギー密度を作ることができます。例えば，焦点距離がfの凸レンズで直径Dのレーザー光を集光すると，レンズの焦点位置では$d=f\cdot\lambda/D$の大きさにまで絞ることが可能です。λは波長です。この性質を使えば，鉄板に穴を

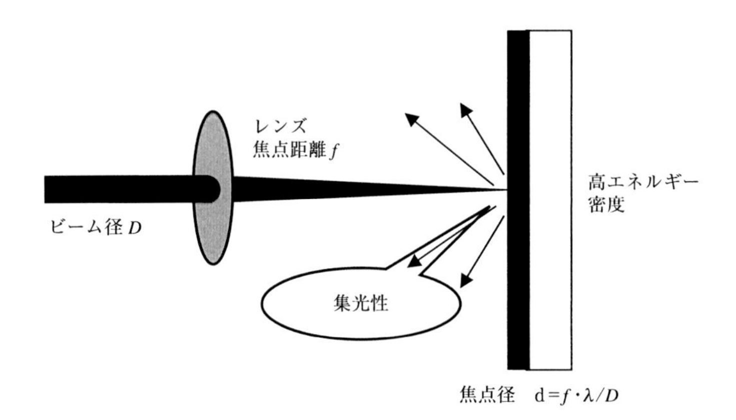

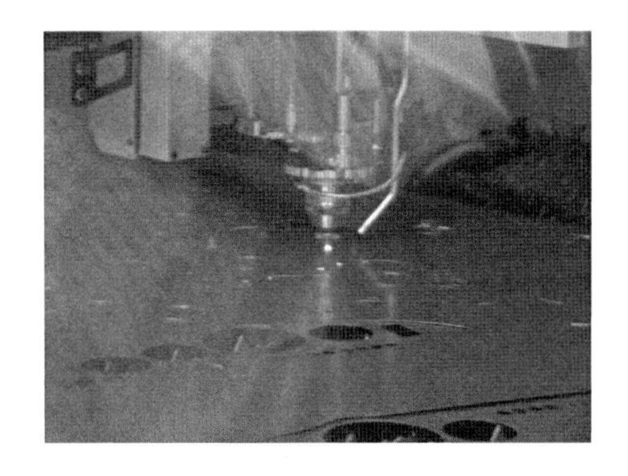

図3-4　レーザー加工

あける，切断する，溶接するといった加工に使えます。固いものだけではありません，赤ちゃんが口にくわえて吸う哺乳瓶がありますが，このミルクが出てくる部分の穴を開けるのにも使われています。

また，何十枚と重ねた布をいろいろな形に切断するのにも便利で，ハサミなどで一度に切るのは難しいと思われるものでもレーザーを使えば簡単に切れます。さらにはダイヤモンドの加工にも使われていますし，タバコのフィルター巻紙の無数の非常に小さな穴もレーザーによって開けられています。タバコは煙と空気を混合して吸うわけですが，この小さな穴がタールとニコチンの含有量を調整しています。

治療分野でもレーザーが使われています。例えば，レーザーで顔などにできた痣，シミ，そばかす，ほくろを焼き取ることができます。また，網膜が眼底壁から剥がれてしまい，視力や視野を失う網膜剥離という病気に対しても，レーザーで治療することが可能になっています。網膜が完全に剥がれてしまうと手の施しようがありませんが，一部が裂けた状態ですと，レーザー光を瞳孔から導入し，タンパク質を凝固することで，裂け目をふさぐことができます。外科手術を必要としないので，患者への負担の少ない方法です。

手術に使われるメスにもレーザーが使われています。切った部分が熱で凝固するために止血処置を必要とせず，手術時間を短くできるので患者の負担を軽減することにつながります。直接接触しないので，衛生的であるといったメリットもあります。ガンの治療や診断，それに外科手術だけではなく，血液の診断，脳の診断などにも役に立っています。

このような医療分野におけるレーザーの役割は，今後ますます重要になってくるでしょう。数え上げたらきりがないくらいに使われているのですが，意外と知られていないのがレーザーです。

第4章　原子の構造を詳しく見る

ここからは光の本質に迫りながら，レーザー装置の原理から実例までを順を追って詳しくお話ししていきます。原子は物質の最小単位であり，すべての物質は原子でできています。その原子は，**図4-1**のように正の電荷を持った原子核と負の電荷を持った電子からできています。原子核は重く，電子は非常に軽いのです。電子は，正負の電荷間に働く引力のために，原子核の近くに束縛されています。

例えば，原子の中で最も軽い水素（原子記号H：原子番号1）では，原子核の回りを一個の電子が周回しています。このように束縛されており，自由に動き回ることができない電子を持つことができるエネルギーは，どのような値でも許されるのではなく，**図4-1**右にあるようにとびとびの値しか許されません。当然，原子核から遠く離れるにしたがって，電子の持つエネルギー値は高くなります。

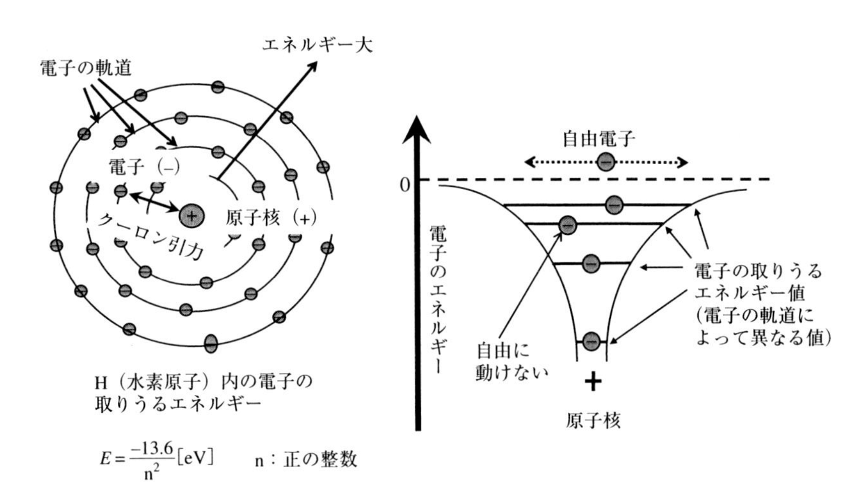

図4-1　原子の構造

電子のエネルギーの単位としては，通常エレクトロンボルト（eV）が使われます。その意味については第20章において詳しく述べることにして，水素原子には+eの電荷を持つ原子核と−eの電荷を持つ電子が存在し，この2つの電荷の間に（符号が異なるので）引力が働いています。

nを正の整数として，電子が取り得るエネルギー値は，n^2に反比例しています。n=1が，最低のエネルギー−13.6 eV，その上が−13.6/4=−3.4 eV，その上が−13.6/9=−1.5 eV，・・・・となります。原子核からの引力の影響を受けなくなって，自由に動き回るようになった自由電子のエネルギー値を0とすると，原子核を井戸の底に置いたような構造になっていると想像できます。水素原子の中にいる電子のエネルギー値を定量的に描いたのが**図4-2**左です。

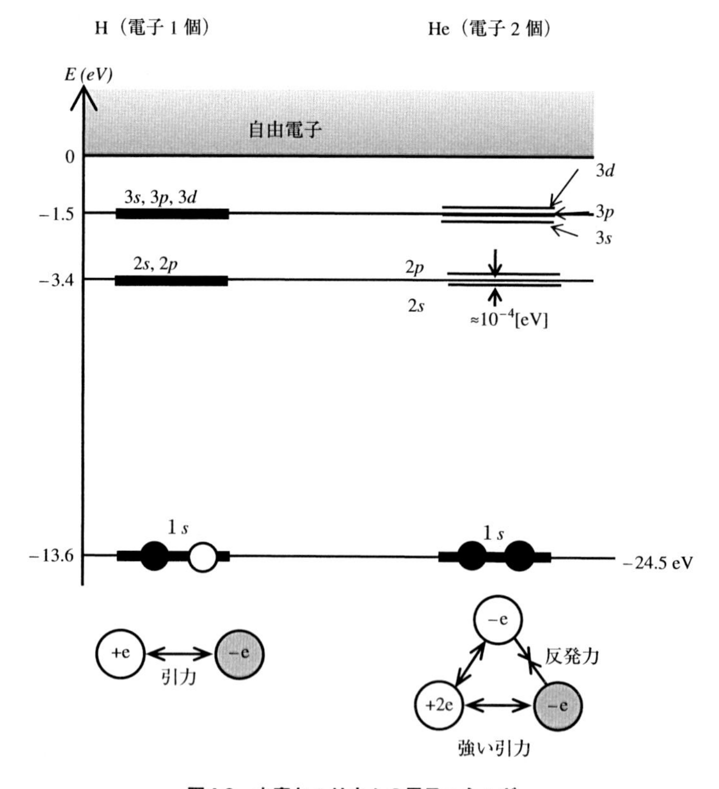

図4-2　水素とヘリウムの電子エネルギー

原子番号2のヘリウム原子（He）の場合は，2個の電子を持っており，それを釣り合いよく束縛するために原子核は2eの正電荷を持っています。したがって，+2eの原子核と−2eがバランスよく釣り合っているのです。すると，ヘリウム原子には1個の原子核と2個の電子が存在しており，原子核と個々の電子の間の引力以外に，電子同士の間に（符号が同じなので）反発力が働き，互いに遠ざけようとします。その結果，1個の電子には，+2e原子核からの強い引力ともう1個の−e電子からの反発力が働いていることになります。しかも，電荷間に働く力は，両者の電荷の積に比例し，電荷間距離の2乗に反比例するので，ヘリウム原子の中の1個の電子に働く引力は，水素原子の場合のほぼ2倍になるのです。その様子が**図4-2**右です。

電子の取りうる状態は次の4つの量子数で区別されます。パウリの排他原理によれば，4つの量子数（主量子数n，方位量子数 ℓ，磁気量子数m_ℓ，スピン磁気量子数m_s）で決まる1つの状態（電子の座席）にはただ1つの電子しか入ることができません。

次に，原子番号が11で，11個の電子を持つナトリウム原子（Na）について見てみましょう。最も低いエネルギー状態が$n=1$，$\ell=0$，$m_\ell=0$，$m_s=\pm1/2$で，2個の電子が入ります。この状態を1*s*と呼びます。その上にある状態が2*s*（$n=2$，$\ell=0$，$m_\ell=0$，$m_s=\pm1/2$）で2個の電子，その上が2*p*（$n=2$，$\ell=1$，$m_\ell=-1$，0，1，$m_s=\pm1/2$）で6個の電子が入ることができます。

これで，ナトリウム原子が持っている11個の電子のうち，10個までの状態が決まりました。残る1個の電子はどこに入るのでしょう。すぐ上に3*s*（$n=3$，$\ell=0$，$m_\ell=0$，$m_s=\pm1/2$）状態があり，そこに入っています。電子がこのような状態にあるときが，原子として最も低いエネルギーを取ります。満杯の10個の電子の状態（図では四角で囲っています）は隠して，一番上の電子のみに着目して電子の状態を描いたものが**図4-3**です。このような状態を基底状態と呼んでいます。

この原子に外部からエネルギーを投入すると，一番上にいる電子がそのエネルギーを吸収して，もっと上の状態に移ります。**図4-4**では，3*s*のすぐ上の3*p*状態に移ったものを描いています。もっと大きなエネルギーを投入すると，さらに上の3*d*状態に移る場合もあります。さらに，もっと大きな5 eV以

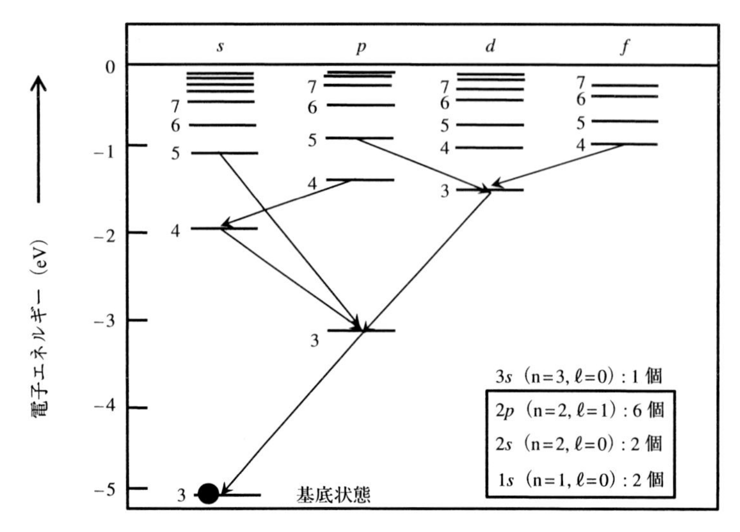

図4-3　ナトリウム原子の電子状態

上のエネルギーを入れると，電子のエネルギーはプラスになり，原子核の束縛から離れて，自由に動き回ることができます。このような電子を自由電子と言います。

話しを元に戻して，最も高いエネルギーを持つ電子が3*p*状態にあり，その下の3*s*状態は空席になった状態を第1励起状態と呼んでいます。**図4-4**のような状態になると，原子はできるだけ低いエネルギー状態に戻ろうとします。すなわち，3*p*状態の電子がエネルギーを失って，下の3*s*状態に戻ります。このとき，状態間のエネルギー差に相当するエネルギーを光として放出します。これが発光です。

ナトリウム原子の場合は，このエネルギー差は橙色のエネルギーに相当します。ナトリウムランプでは，電気エネルギーをナトリウム原子に与えて，励起状態に上げたとき，原子から橙色の光を出します。これが，ナトリウムランプが橙色の光を出す原理です。逆に，電子の状態間に相当するエネルギーを加えると，電子は上の状態に上がります。

もっと大きなエネルギーを与えて，電子が3*d*にいる状態を作ると，赤色の光を出して，電子は3*p*状態に移ります。逆に言えば，橙色の光を照射す

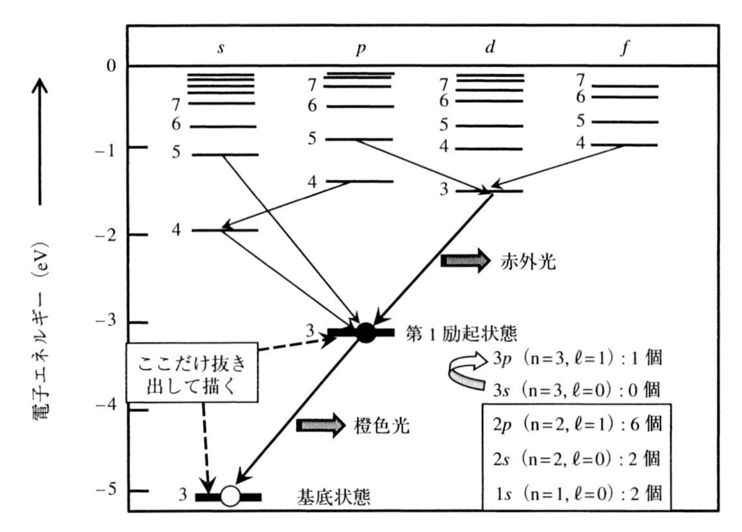

図4-4　ナトリウム原子からの発光

ると3*s*電子は3*p*状態に上がり，さらに赤色の光を照射すると3*d*状態に移ります。原子が光を吸収したり，放出する場合，電子の中で最も上にある電子が関係することから，通常は満杯にある下位状態は無視して，最上位より上の状態だけを抜き出して書くと簡単に話しが進むことがお分かりいただけたと思います。

第5章 原子と光，そしてレーザー

光は原子から出てきます。原子の中の電子が余分なエネルギーを持っているとき，そのエネルギーを光の形で放出して元の状態に戻ります。原子にエネルギーを与える方法には電子，光，化学反応などがあります。レーザーではありませんが，蛍光灯では，高温になったフィラメントから飛び出した電子が水銀原子に衝突して，その水銀原子から紫外線を出します。水銀原子が運動電子からエネルギーをもらい，その余分なエネルギーを紫外線という光を出して，元の状態に戻ります。その時出てきた紫外線が，ガラス管の内面に塗ってある蛍光塗料に当たって，そこから白色に近い光がでてくるのです。

ナトリウム原子の例を挙げると，1*s*，2*s*，2*p* までに10個の電子が詰まっており，その上の3*s* に1個の電子が存在する状態が基底状態で，そのすぐ上の3*p* 状態に電子が上がったものが励起状態に相当します。

原子と光の関係を話す場合には，**図5-1**のように，この2つの状態だけを抜き出して描くのが普通です。3*p* と3*s* 間のエネルギー差に相当するエネルギーを持つ光がこの原子に入ってくると，**図5-1 (a)** のように3*s* にいる電子がこのエネルギーを受け取って，3*p* に上がります。原子が光を吸収して，励起状態になったことになります。この励起状態にある原子は不安定なので，時間が経つと基底状態に戻ります。このとき，**図5-1 (b)** のようにエネルギー差に等しいエネルギーを持つ光を放出します。これが（自然）放出です。

原子と光には，もう一つの現象があります。それは，**図5-1 (c)** に描いているように，励起状態にある原子に外部から光が入ってくると，その光に刺激されて基底状態に戻る現象で，誘導放出と呼ばれています。この場合は，外部の光に刺激された現象なので，誘導を付けます。

誘導放出の特徴は，振動数（エネルギー），電場の方向，進行方向は入射光と同じであることにあります。したがって，誘導放出によって，入ってきた光は強くなって出て行きます（振幅が大きくなる）。一方，自然放出の場

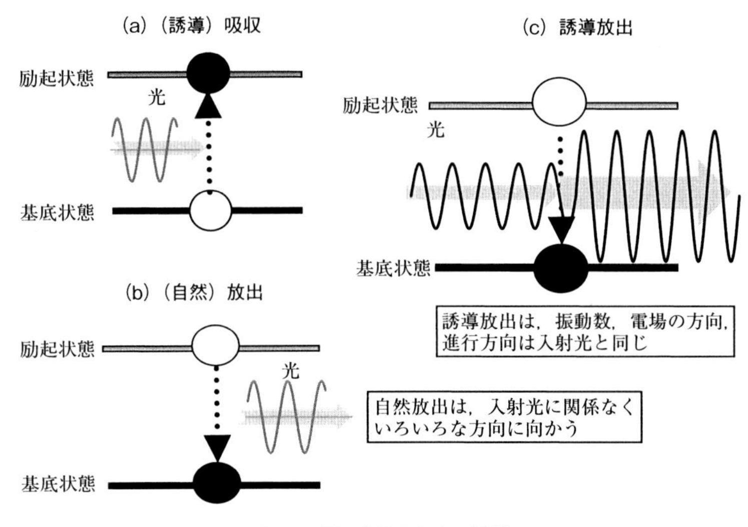

図5-1　原子内電子と光の関係

合は，入射光に関係なくいろいろな方向に向かいます。この誘導放出が，レーザーにつながる現象です。

図5-2のように，箱の中にいくつかの原子が入っており，ある原子は基底状態にあり，ある原子は励起状態にあるとしましょう。**図5-2 (a)** のように励起状態にある原子数が基底状態にある原子数より少ない場合（$N_2<N_1$），箱に入射した光は吸収が勝ち，入射したときより弱くなって出てきます。このとき，入射した光は原子集団によって減衰されて出てきます（光波の振幅が小さくなる）。

他方，**図5-2 (b)** のように励起状態にある原子数が基底状態にある原子数より多い場合（$N_2>N_1$），箱に入射した光は誘導放出が勝ち，入射したときより強くなって出てきます。このとき，入射した光は増幅されて出てきます（光波の振幅が大きくなる）。

では，実際の原子集団の場合はどうなっているかを考えてみましょう。約10^{23}個という途方もない数の原子を扱うことになるので，統計的に処理します。絶対零度では，全ての原子が最も低いエネルギーを持っています。温度が上がると，**図5-3 (a)** のように，上の励起状態に上がっている原子が存在

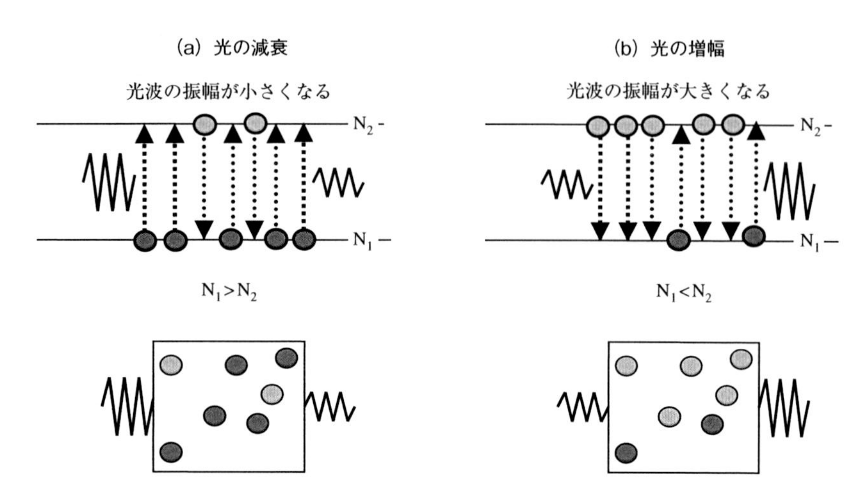

図5-2　原子の集団による光の減衰と増幅

するようになります。普通は，エネルギーが高くなるにつれて，そこに存在する原子数は極端に減少します。この状態はボルツマン分布と呼ばれています。

この状態は，**図5-2 (a)** に相当するため，この原子集団に入った光は弱められて出てきます。光の増幅を実現するためには，**図5-2 (b)** に相当する状態になっていなければなりません。すなわち，**図5-3**のように，ある二つの状態間でエネルギーの高い状態に存在する原子数を，低い状態の原子数より多くなる反転分布状態を作る必要があります。

反転分布が実現された原子系を使えば，光の周波数，位相は変化せず，振幅だけが大きくなる**図5-4**のような光の増幅が実現できます。反転分布を持つ原子集団中を光が進むときに，順次振幅が大きくなり，最終的には非常に強い光が得られます。これがレーザーです。反転分布を作ることを，原子を上のエネルギー状態に組み上げることからポンピングと呼んでいます。

では，どうやって反転分布を実現するのでしょうか。レーザーには，レーザー媒質の種類によって，ガスレーザー，固体レーザー，半導体レーザーがあります。ガスレーザーでは，蛍光灯と同じく，電子が原子に衝突して，発光原子にエネルギーを与えます。

固体レーザーの場合，光を照射することで，原子にエネルギーを与えます。

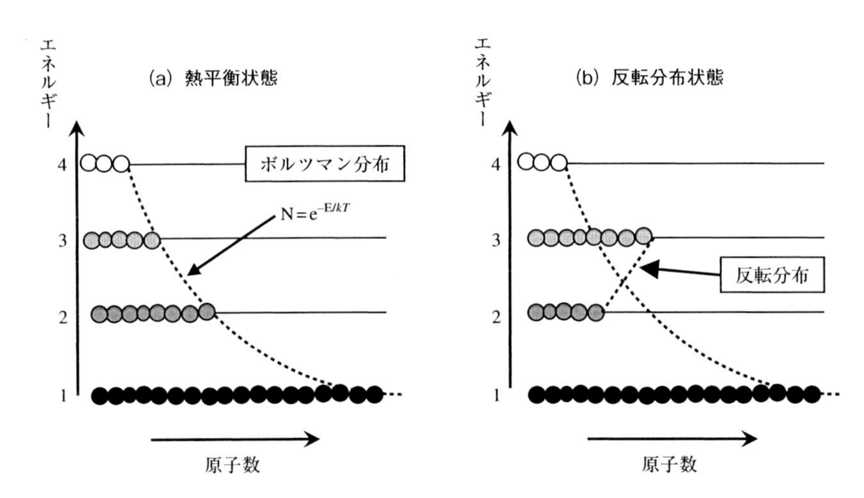

図5-3　熱平衡状態と反転分布状態

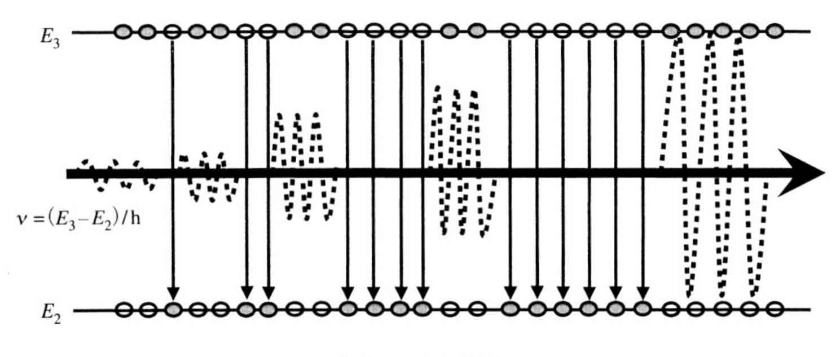

図5-4　光の増幅

半導体レーザーは，他のレーザーとちょっと違います。第16章で詳しくお話ししますが，p型半導体とn型半導体の間に電流を流すと，両半導体の境領域内で電子がエネルギーを失って光を出します。ちょっと難しいことになっています。

図5-5を見てください。ポンピングによってレーザー媒質中の発光原子を励起状態にします。励起状態にある個々の発光原子から光が出ます。1個の原子から放出された光が，他の原子に誘導放出を起こさせます。次々にこの現象が起こり，強い光が得られます。レーザー媒質の両端にミラーを置いて

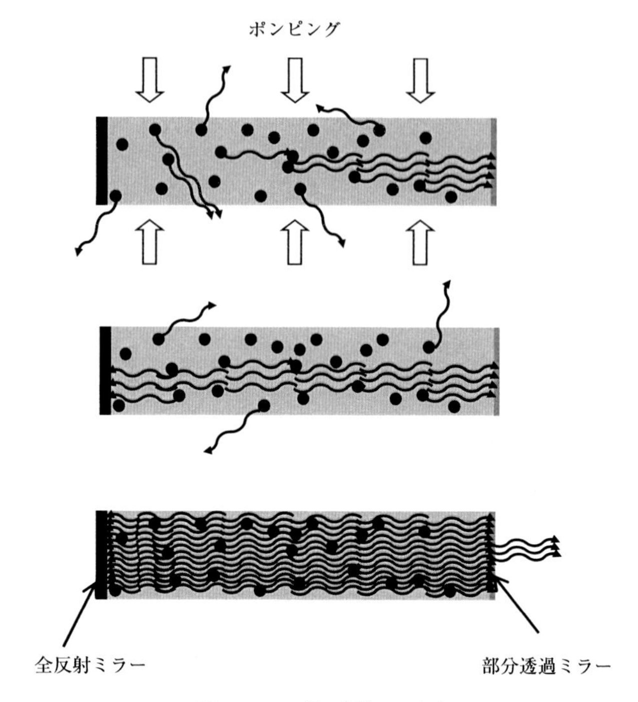

図5-5　レーザー光線のでき方

おきます。片方のミラーは100％反射しますが，もう片方のミラーは一部が透過するように設計されています。光が2枚のミラーで反射され，繰り返しレーザー媒質中を通過する間に，誘導放出によって振幅が大きくなる，すなわち光が強くなります。ミラーに垂直に入射して，反射される光は増幅されて，ますます強くなりますが，それ以外の方向に進む光はあまり増幅されないので弱いままです。増幅されて強くなった光だけが，部分透過ミラーを通過して出てくるのです。これがレーザー光であり，細いビーム状の光束となっています。

第6章 レーザーのコヒーレンスとは？

第2章でお話ししたように，レーザー光は位相の揃った波です。一般の光は自然放出光であるため，光波の位相，エネルギーはランダムであり，干渉することはありません。

しかし，レーザー光は誘導放出により発生する光であるため，光波の位相，周波数が揃っており干渉します。位相の揃った波は重ね合わせることができます。これが干渉です。

図6-1 (b) に描いているように位相と周波数が同じ波であれば，山と山，谷と谷を重ね合わせることができます。このようなコヒーレントな波を，全部を重ね合わせると振幅が大きくなった波となります。**図6-1 (a)** のように位相や周波数が揃っていなければ，平均化されてしまい無秩序な波しか得られません。これは，インコヒーレントな波です。

レーザーのコヒーレンスには2種類あります。異なる時間にレーザーを出

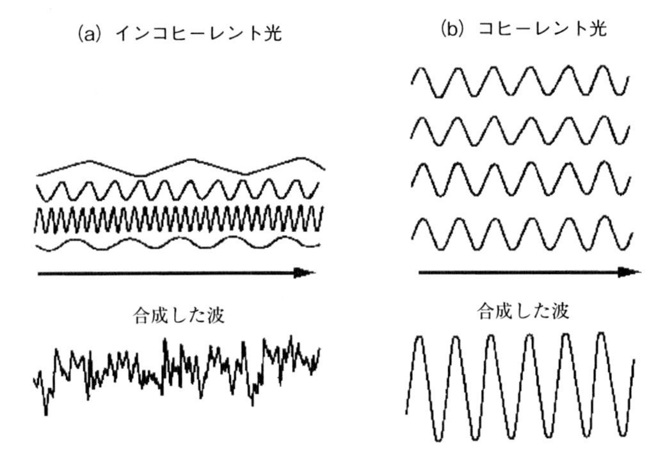

図6-1　コヒーレント光とインコヒーレント光

発した光波の干渉に関するものと，同じ時刻に異なる場所を出発した光波の干渉に関するものです。前者が時間コヒーレンスで，後者が空間コヒーレンスです。

光が理想的に単色（単一波長λ）であるとします。このとき，光の波長は決まっているので，どんなに時間が経過しても，その後やってくる波は予想できます。

もし，波長が違った光が混在している場合はどうでしょうか。**図6-2**に描いているように，ある時刻で山であった波のt秒後の位相は波長によって異なる値を取ります。tが大きくなると，谷と山が混在して，平均化されてしまうでしょう。

波の相関が保証される最大の時間差Tは，光の波長の違いを$\Delta\lambda$として，おおよそ$T=\lambda^2/c\Delta\lambda$で与えられます。$c$は光速です。これをコヒーレンス時間と呼び，$\ell_c=cT=\lambda^2/\Delta\lambda$をコヒーレンス長と呼んでいます。レーザー光の進行方向の中で，この範囲内にある光は干渉しあうことができます。

時間コヒーレンスが大きいということは，$\Delta\lambda$が小さい，すなわち単色性が高いことを意味します。計算は省きますが，波長の違い$\Delta\lambda$を周波数の異なるΔfに置き換えると，$T=1/\Delta f$になります。例えば，波長632.6 nmのヘリウムネオンレーザーの周波数幅は約10^6 Hzなので，コヒーレンス長は300 mになります。

時間に換算すると，$300\ \mathrm{m}/(3\times10^8\ \mathrm{m/s})=10^{-6}$秒です。すなわち，ヘリウムネオンレーザー光は，$10^{-6}$秒（1 μs）以内であれば，出てきた光波が干渉す

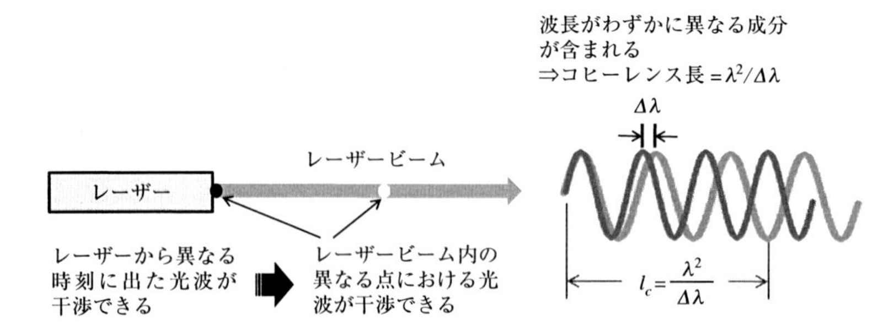

図6-2　時間コヒーレンス

ることができるのです。一般の原子の自然放出における典型的な値は10^{-9}秒程度なので，コヒーレンス長に直すと数十cm程度しかありません。

空間コヒーレンスに話しを移します。これは，光源内の異なる2点における光波の関係によって表されます。例えば，電球などの光源では，各点から出てくる光波は互いにランダムな位相関係にあり，空間コヒーレンスは極めて悪いと言えるでしょう。

各原子から出てくる光は10^{-9}秒程度のコヒーレンス時間を持っていますが，異なった原子から出てくる光には一定の位相関係がなく，空間的にはインコヒーレントです。レーザーの場合は，誘導放出を利用して光を出しているので，各原子から出てくる光の間には一定の位相関係があり，空間コヒーレンスは良いのです。

空間コヒーレンスは，光源から出てくる光線の平行度（指向性）および集束度に関係します。しかしながら，たとえコヒーレント光源であっても，完全に平行なビームが得られるわけではなく，**図6-3**のようにビーム広がりを生じます。このビーム広がり角θはλ/D［ラジアン（rad（ラジアン）：角度の単位で$180°=\pi$ rad)］で与えられます。λは波長，Dはビーム直径です。

例えば，2ミリラジアン（mrad）の広がり角を持つレーザー光が10 m離れた地点の壁に当たったとき，壁の上での半径は$10\times0.002=0.02$ mだけ広がり，光の直径は0.04 m，すなわち4 mmだけ広がることを意味しています。このように広がり角が小さいことは，レーザー光線（ビーム）が一方向に向かって線のように進むことを意味し，レーザーの持つ特徴の一つとなっています。

さらに，ヘリウムネオンレーザーのビーム径が1 mmのとき，$\lambda/D=6.33\times$

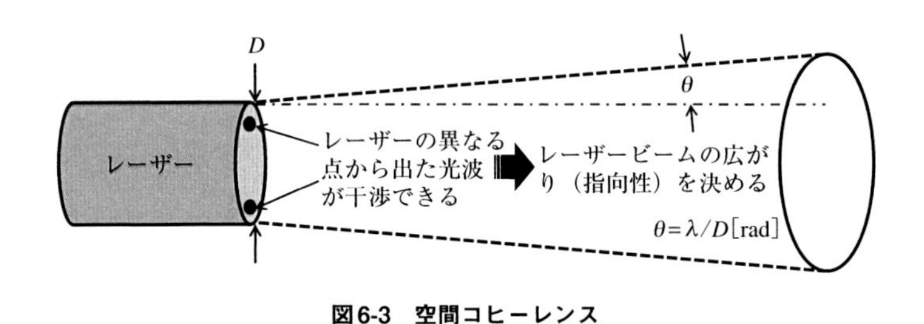

図6-3　空間コヒーレンス

10^{-4} radとなります。このレーザー光を50 km離れたスクリーンに照射すると，この地点におけるビーム径は約30 mとなります。もし，このビームを100倍の望遠鏡を使って直径が100 mmのビームに変換すると，$\lambda/D=6.33\times10^{-6}$ radとなり，50 km地点におけるビーム径は0.3 mと，先ほどの1/100に小さくなります。

このようにコヒーレンスには，空間と時間のコヒーレンスがあります。空間コヒーレンスとは，レーザー光の広がりの異なる部分でも干渉することで，時間コヒーレンスとは，異なる時間にレーザーを発した光同士でも干渉することを言います。この2種類のコヒーレンスのために，レーザー光は以下のような特徴を示します。

- **指向性（空間コヒーレンス）**
  長距離伝搬しても広がらないため，測量や距離測定（月との距離など）に用いられます。
- **集光性（空間コヒーレンス）**
  非常に狭い領域に集光が可能（CD，レーザー加工，レーザーメス，レーザー顕微鏡など）。
- **単色性（時間コヒーレンス）**
  完全な単色光は，無限に連続する光sin（ωt）。実際には，レーザーの変動により約10^{-8}nm（数kHz）程度の幅があります。
- **超短パルス（時間コヒーレンス）**
  モード同期により超短パルス発生が可能。
- **高い輝度，高いピークパワー（時間，空間）**
  強い超短パルスを狭い領域に集光することにより非常に高い輝度を得ることができます。例えば，1 mJのエネルギーと100 fsの時間幅を持つパルスのピークパワーは，1 mJ/100 fs$=10^{-3}$ J/100$\times10^{-15}$ s$=10^{10}$ W$=$10 GWです。このレーザー光を0.1 mm径に集光したときのピークパワーは，10^{10} W/(0.005 cm)$^2\times\pi=1.3\times10^{14}$ W/cm^2=130 TW/cm^{2}と極めて高くなります。1 GW$=10^9$ W，1 TW$=10^{12}$ Wです。

第7章　レーザー共振器と横モード

レーザーは誘導放出によって発生した光をさらに強める必要があります。レーザーの多くは，2枚の反射鏡でできた光共振器の中に光の増幅を担うレーザー媒質を配置してあります。レーザーの共振器は両端に精度の良い反射鏡を配置して，誘導による放出光を再び媒質の中に戻す構造となっています。つまり，自らの光で再び同類の光を呼び出して，増幅を重ねるという手法をとっているのです。

反射鏡は，我々が一般に使っているような鏡ではとても役に立たず，レーザー発振は行えません。その理由は，鏡面での損失が大きいからです。共振器を構成する反射鏡は，反射率を理想的な値にまで上げてこれを両端に設置し，光を往復させても光が拡がらず両端で光を閉じこめる条件を整えることが必要です。反射鏡は，光学ガラスを高度に研磨し，その上にレーザー波長の1/4波長の厚さの酸化セシウムなどの誘電体を交互に多層膜として蒸着したものが用いられます。

次に，レーザー共振器の両端に置いた反射鏡の形について考えてみることにしましょう。普通のイメージでは，両端の鏡は平面となるでしょう。つまり，2枚の平面鏡で構成された**図7-1 (a)** のような平行平面型共振器です。

ところが，平面鏡を組み合わせた共振器は最も使いにくいものなのです。

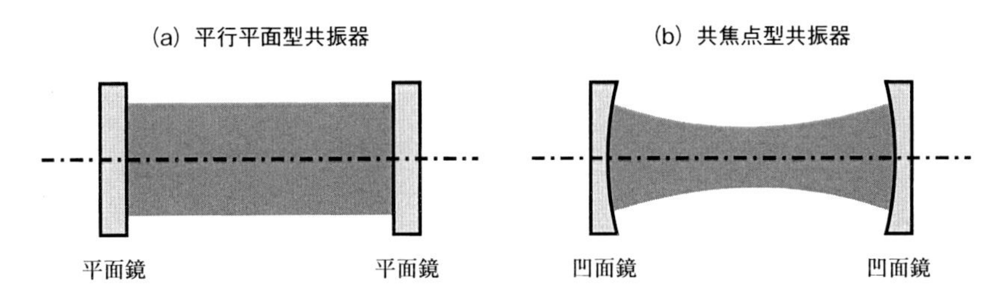

図7-1　共振器

その理由は2枚の鏡が完全に平行でない場合，光線は2枚の鏡の間を往復することなく共振器外に逃げてしまい，損失となってレーザー発振が起こらなくなってしまうからです。そのため，鏡の平行度がレーザー発振にとって極めて重要になってきます。

このような平行性が悪いことによって生じる損失は，共振器を構成している反射鏡を平面鏡の替わりに，**図7-1（b）**のように凹面鏡を利用することによって避けることができます。これによって，レーザー媒質中の集光パワーを上げることができます。例え共振器の軸に沿って光が放出されていなくても，凹面鏡を使えば光を共振器内で反射させることが可能となります。

さらに，凹面鏡を使えば，鏡の調整が少々悪くても光を往復させることは可能となります。なぜならば，凹面鏡は光を他方の鏡に光を向けることが可能だからです。

ところで，レーザー共振器から出てくる光ビームはまん丸で，真ん中が最も強いと想像されていませんか？　実は必ずしもそうではありません。共振器構造によって決まる特定の強度分布を持っています。光の横方向の分布の様子を横モードと言います。

代表的な横モードを**図7-2**に描いています。ビームの中央部が最も強い場合の強度分布は，数学者のカール・ガウスの名前を取ってガウス分布と呼ばれます。この基本モードをTEM_{00}と呼んでいます。Tは横方向，Eは電気，Mは磁気のモードを意味しています。

一般的にはmとnを整数として，TEM_{mn}で表される多数のモードが存在します。このmはビームを横切る方向にいくつ光強度がゼロとなる点があるかを示しており，nはそれと直角の方向におけるゼロ点の数です。

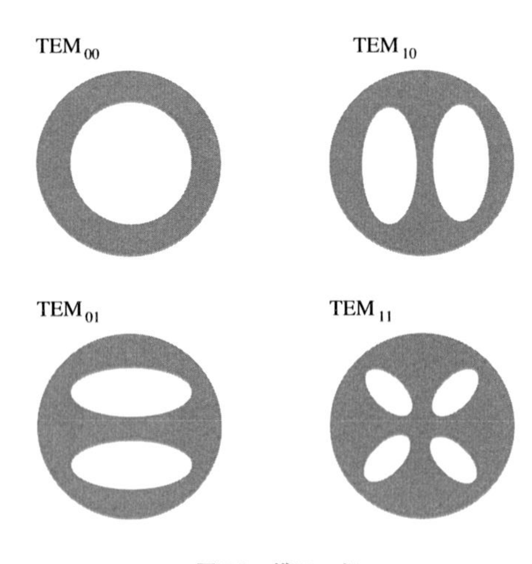

図7-2　横モード

TEM_{01}モードは上下に2つの明るいスポットがあり，ビームの中心の光強度はゼロです。TEM_{10}モードはTEM_{01}モードと直角の方向，左右に明るい2つのスポットと中心の強度がゼロです。また，TEM_{11}モードは，4つの明るい点を持っていますが，この場合もビームの中心はゼロの強度です。

TEM_{00}モードは，進行している光波のすべての部分が揃っているので，レーザーにとっては最も望ましいものです。それ以外のモードは，いずれも共振器の中心を通る軸から外れて進む波によって形成されます。したがって，軸上を進む波のみを使うように中心軸上に小さな絞りを入れると，TEM_{00}モードだけを作ることができます。TEM_{00}モードは，光線のどこをとっても同じ形の強度分布を持っています。レンズなどで絞っても同じ分布となり，さらに集光ビームのスポット径を小さくしてパワー密度（単位面積当たりの光パワー）を高くすることができます。

一方，用途によっては他のモードが有利な場合もあります。レーザービームの特性を良く知って，用途によって使い分けましょう。これが，賢いレーザーの利用術です。

図7-3のように，直径Dのレーザービームを焦点距離Fの凸レンズで集光する場合，レンズの焦点位置におけるビームの直径dは$d=(4\lambda/\pi)(F/D)M^2$で計算できます。また，ビーム径が$\sqrt{2}d$になる距離を焦点深度と言い，$b=(8\lambda/\pi)(F/D)^2M^2$で計算できます。レンズで集光する場合，これらの2つの数値が重要になってきます。

TEM_{00}のガウスビームの場合は$M^2=1$ですが，高次の横モードが含まれて

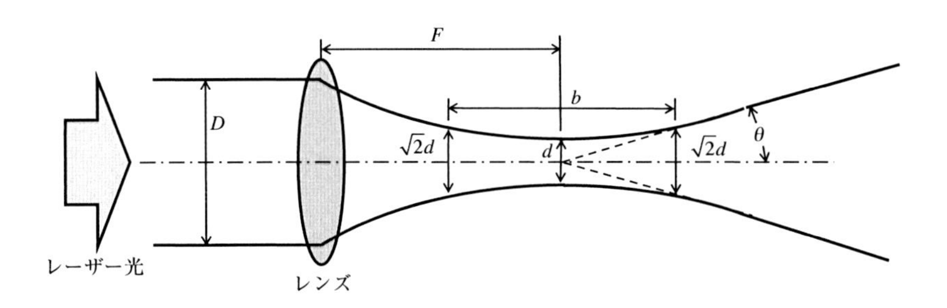

図7-3　凸レンズで集光するときのビーム径と焦点深度

いる場合，ビーム品質が低下し，レンズでの集光特性が悪くなります。その程度を表すのが，このM^2（エムスクエア）です。レーザー製品のカタログを見ると，M^2の値が書いてあります。レーザー加工などレーザー光をレンズで絞って使う場合は，この数字が小さいものを使いましょう。

第8章 レーザー共振器と縦モード

レーザー光は「単一波長で，単色です」と言うのですが，実際のレーザー光は完全には単色ではありません。レーザーはある波長範囲を持っています。その幅は広いものもあるし，狭いものもあります。最も広いものでも，電球のような通常の光源に比べるとはるかに狭い波長範囲の光だけを放射しています。目には単色としか見えません。このようなレーザーの発振波長を詳しく見ていきましょう。

原子内の電子が励起状態に上がった時，永久にそこに留まるわけではありません。一定の時間が経つと，自然と下の状態に落ちます。今まで電子の取り得るエネルギー値を線で描いてきました。これは現実とは異なり，励起状態はある幅を持っています。エネルギー幅ΔEと滞在時間Δtの間には，それらを掛け合わせたものはある一定の値（プランク定数h）より小さくはなり得ません。式で書くと，$\Delta E \times \Delta t \geqq h$となります。これは不確定性原理と呼ばれる絶対に守られなければならない関係です。したがって，滞在時間が無限とならない限り，エネルギー幅はゼロにはならず，ある幅を持つことを意味しています。絵に描くと**図8-1**左のようになります。

電子の励起状態のエネルギー幅が広くなる原因としては，不確定性原理に加えて，固体の場合は周辺の原子との関わりがあり，ガスレーザーの場合はガス分子の無秩序な運動と互いの衝突などがあります。例えば，固体レーザーの代表であるNd:YAGの発振波長が1064 nmで，典型的な発振波長幅を0.5 nmとすると，このレーザーは1063.75 nm～1064.25 nmの波長範囲の光を出していることになります。この波長範囲をスペクトル幅と呼んでおり，この範囲の光が誘導放出を受けます。この様子を描いたのが**図8-1**右です。

レーザー光は，2枚の反射鏡で構成されている共振器の間を往復することによって増幅されますが，平行平板共振器について，そこに存在できる光波について考えてみましょう。存在するために満足すべき条件は，反射鏡表面

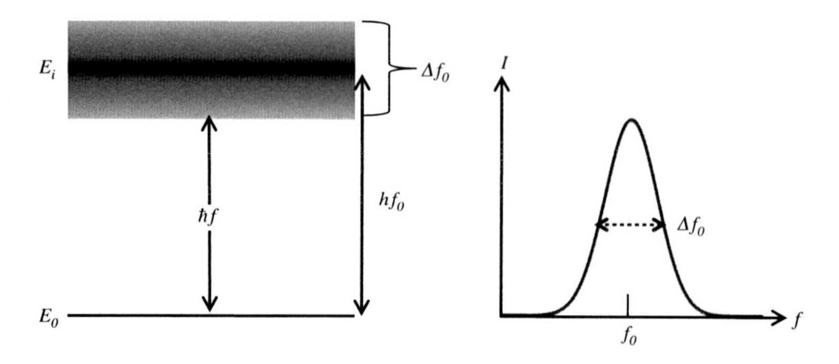

図8-1　電子状態のエネルギー幅と発光スペクトル幅

上で振幅がゼロになることです。共振器長，すなわち反射鏡の間隔をLとして，半波長（$\lambda/2$）の整数倍がLに等しくなることが条件です。

数式で書くと，nを整数として（$\lambda/2$）n=Lとなります。波長λと周波数fの間には一定の関係，$f \cdot \lambda = c$（光速）があるので，周波数fに書き換えるとf=n（$c/2L$）となり，nは任意の整数なので，多数の異なる周波数の波が存在できることになります。この共振器に存在できる周波数は，**図8-2**のように（$c/2L$）の間隔で無数にあります。これを縦モードと呼んでいます。誘導放出を起こすスペクトルに幅があることから，その幅に入ってくるのは**図8-3**にあるように1つの縦モードではなく，複数のモードです。

例えば，反射鏡の間隔が10 cmの共振器を持つNd:YAGレーザーの場合，隣り合う縦モードの間隔は1.5×10^9 Hz（=1.5 GHz）です。Nd:YAGレーザーのスペクトル幅の0.5 nmを周波数に換算すると1.3×10^{11} Hz（=130 GHz）なので，誘導放出スペクトルの中には，約100本の縦モードが含まれていることになります。わずかな温度変化によって反射鏡の位置が変わると，縦モードの周波数が変化することになり，その結果，発振しているレーザー波長を細かく見ると，時々刻々変化していることになるのです。

現実的ではないかもしれませんが，もし共振器長を1 mmにすることができれば，発振スペクトルの中には1本の縦モードしか含まれないことになり，縦モードの周波数幅が通常は1 MHz（波長では約10^{-15} m）程度なので，極めて狭い波長範囲のレーザー光を作ることができることになります。

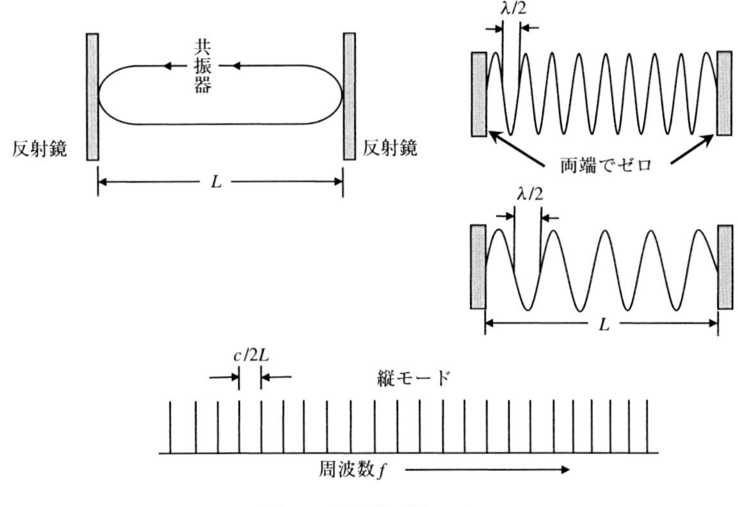

図8-2　共振器の縦モード

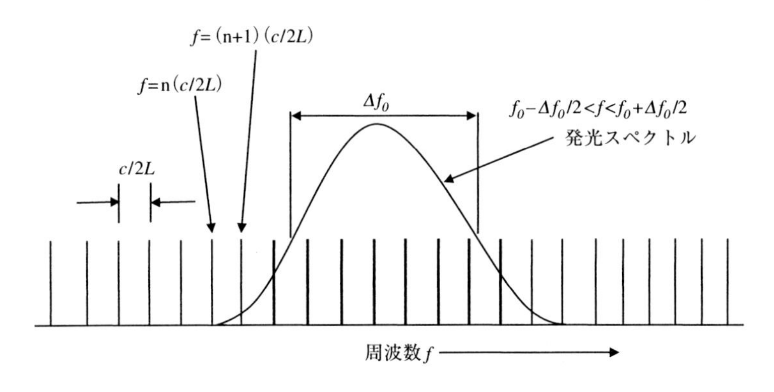

図8-3　発光スペクトルと縦モード

実際は，平行平面を持つガラス板による多重干渉を利用して，1本の縦モードでのみ発振させる方法が採用されている場合があり，このようなレーザーを単一モードレーザーとか，あるいはシングルモードレーザーと呼んでいますが，多モード発振ないしはマルチモード発振が一般的です。

では，マルチモード発振で異なる周波数の光波が同時に発生すると，どうなるかについて考えてみましょう。極端な例ですが，周波数がf, $2f$, $3f$の3つの光波を考えます。これらの3つの波の初期位相（t=0における位相）が，互いに違っている，すなわち，**図8-4**のように出発点の位相が揃っていない場合について，3つの波を足し合わせたのが**図8-4**の一番下に描いてある合成光波です。この光波を見ると，一定のパターンをとることなく，時間的に大きく変動している様子が分かります。

次に，位相が揃った3つの周波数の異なる光波について考えてみます。先ほどと同じ，f, $2f$, $3f$の3つの異なる周波数の光波を足し合わせます。3つの光波の初期位相が同じ値を持っているとします。例えば，**図8-5**に描いているように同じ位相点からスタートしているとします。足し合わせた合成光

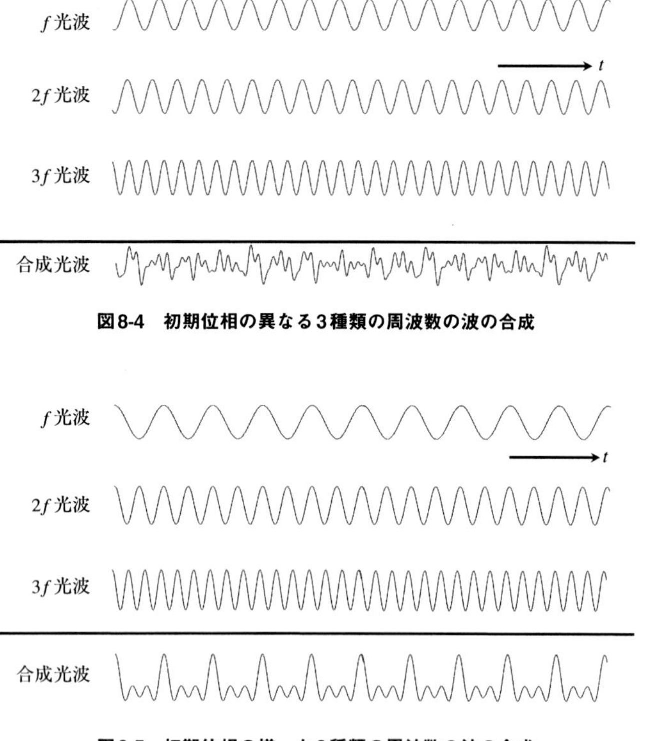

図8-4　初期位相の異なる3種類の周波数の波の合成

図8-5　初期位相の揃った3種類の周波数の波の合成

波をみると，周期的に強い光が現れていることが分かります。

結論として，多数の縦モードが同時に発振している場合，位相がランダムであると，前の例にあるように強い光が現れることはありません。一方，位相が揃っていると，周期的に強い光が現れます。つまり，多数の縦モードの位相を揃えることができれば，強い光をつくることができることになります。共振器内の縦モード間の位相関係が固定されている状態をモード同期状態と呼んでいます。

では，実際にどのようにしてモード同期発振をさせるのかについて見ていきましょう。モード同期で現れる大きなピークに同期させてシャッターを開閉することによってモード同期発振が可能となります。すなわち，$f=c/2L$の周期で開閉できるスイッチを入れると，**図8-6**に描いているように反射鏡間を一定周期のモードのみを往復させることになり，その結果，周波数幅の狭いレーザー光が得られます。

モード同期発振を実現する方法としては，音響光学素子を共振器内に挿入

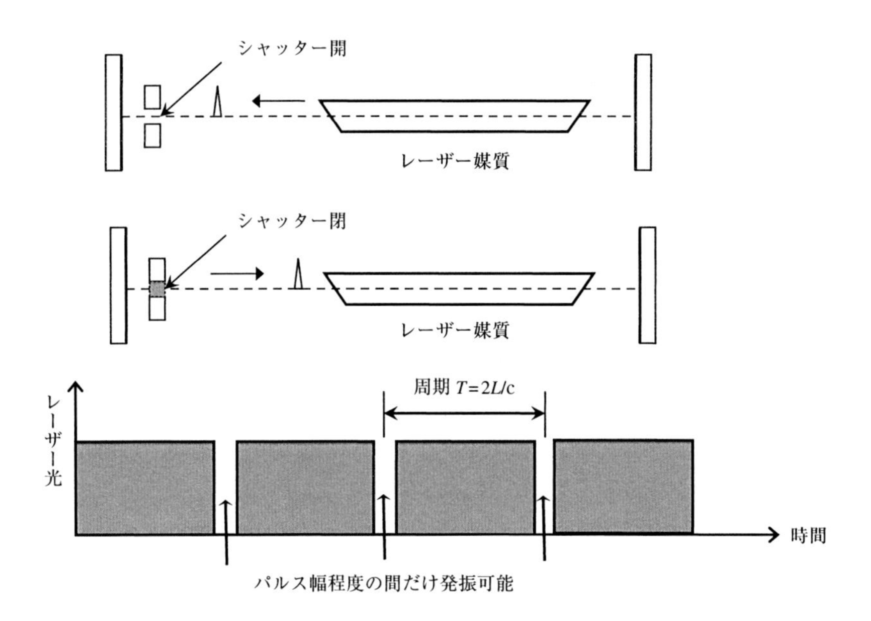

図8-6　モード同期発振

してスイッチとして使う方法や，過飽和吸収体を入れる方法などがあります。これらの詳しい話しは省きますが，スペクトル幅を持つレーザーを使ってモード同期発振をさせることで，非常に短い時間しか発光していない，超短パルスが手軽に得られることになります。例えば，100 nm以上の極めて広いスペクトル幅を持つチタンサファイアレーザーのモード同期発振によって10フェムト秒（$10\ \mathrm{fs} = 10 \times 10^{-15}\ \mathrm{s}$）以下の短パルスが得られています。

第9章 ガスレーザー

ここからは，いろいろなレーザー装置についてお話ししますが，その前にレーザー発振に必要な反転分布の作り方を見ていきましょう。今までの原子と光の関係を考えるときには，励起状態と基底状態についてお話してきましたが，レーザー発振の場合，2つの状態間で反転分布ができることが基本です。基底状態と励起状態の間の反転分布だけではなく，2つの励起状態間の反転分布もありです。そこで，レーザー発振に関与するエネルギーの高い方の状態を上準位，低い方の状態を下準位と呼ぶことにします。

最も簡単な構造は，2つだけのエネルギー状態からなるものです。ところが，**図9-1 (a)** の2つのエネルギー状態だけで，反転分布を作ることは不可能なのです。上準位の原子数が下準位の原子数を超えた時点で，それ以上のエネルギーを吸収することができないためです。そこで，**図9-1 (b)** に描いているようにもう一つのエネルギー状態を加えた3準位系を考えます。

ポンピングによってエネルギーをもらった原子は励起状態に上がりますが，その状態に留まっている時間（寿命）は数fsと短いので，ただちにすぐ

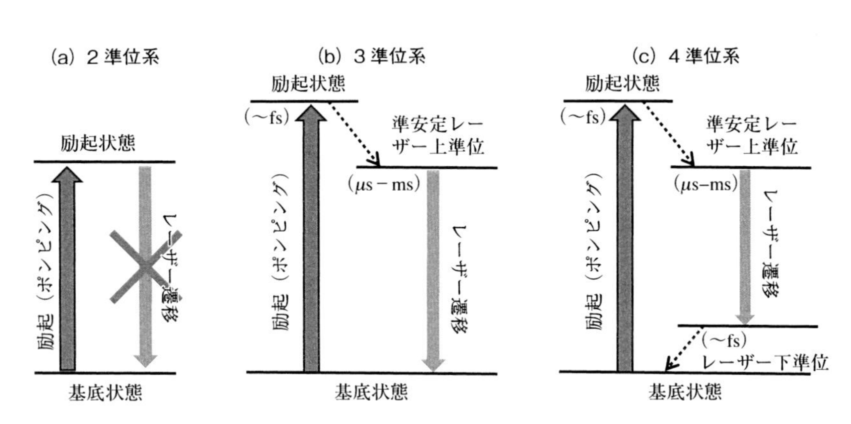

図9-1　異なる数を持つレーザー準位

下にある上準位に落ちます。この準位の寿命は数μs～数msとはるかに長いので，そこに原子が留まることになります。ポンピングを続けることで，上準位の原子数が増加し，最終的には上準位と下準位の間で，反転分布が実現することになります。この場合は基底状態が下準位として働いています。

基底状態に存在する原子数は圧倒的に多いので，この場合の反転分布はすぐに解消されてしまうことになります。つまり，3準位系では，反転分布を作ることはできても，それを維持することは難しいのです。その結果，大きなエネルギーを注入して，パルス動作しかできないことになります。

そこで，**図9-1 (c)** のように下準位として励起状態の1つを使う方法を考えます。ポンピングによって，励起状態に上がった原子は短時間にその直下にある上準位に落ちます。下準位も一つの励起状態なので，基本的にはこの下準位に存在する原子はありません。上準位と下準位の間に反転分布を容易に作ることができます。光を放出して下準位に落ちた原子は，数fsの短時間のうちにその下の基底状態に落ちる結果，レーザーに使う2つの準位の間の反転分布を持続することが容易になり，連続発振も可能となるのです。

さて，レーザー媒質として気体を使うガスレーザーについてお話ししていきます。レーザーは，原子や分子のエネルギー状態を使います。そのためには孤立した原子や分子がなくてはなりません。このような状態にある原子や分子の集合がガスなので，レーザーとしてはおあつらえ向きというわけです。

世界で最初に発振したのは，ヒューズ社のメイマンによるルビーレーザーですが，単発のパルス発振でした。これとほぼ同時期に，ベル電話会社のジャバンによってヘリウムネオンレーザーの連続発振が実現されました。もちろん，ルビーレーザーは3準位系で，ヘリウムネオンレーザーは4準位系です。その後，希ガス，金属蒸気，いろいろな分子気体など，いろいろなガスから数千に及ぶ波長でレーザー発振が確認されています。出力についても極めて広範囲にわたっています。最も弱いものでは1 mW以下ですし，10 kWを越えるものまであります。波長範囲も，紫外から可視，そして赤外にまで及んでいます。もっと長く，ミリ波にまで及んでいるのが，ガスレーザーの特徴と言えるのではないでしょうか。

ガスレーザーの種類がこんなにも多いのは何故でしょうか。答えは簡単です。レーザー管と呼ばれるガラス容器の中に違うガスを入れて発振実験をするのが簡単なためです。このようなガスレーザーの最も簡単な構造は，**図9-2**のようにレーザー管の中にガスを詰め，両端に共振器ミラーを置き，ガス中を流れる電流によって励起されるものです。ガス中を電流が流れることを放電と言います。放電内の電子がガス原子や分子に衝突してエネルギーを与えます。

レーザー発振を行わせるためには，エネルギー準位の条件と同時に，放電によるエネルギーを吸収すること，熱をうまく逃がすこと，レーザーの下準位にある原子を早くに消してしまうことを行わせる必要があります。したがって，一種類のガスだけを使うことはほとんどなく，大抵は幾種類かのガスをある混合比で混ぜ，なおかつ最適なガス圧で使うことが多いのです。

ガス圧は，レーザーガスがいかに電気を良く通すかに影響するので，重要なパラメータの一つです。連続的にレーザー光を出し続ける連続発振レーザーの場合，安定な電気放電を維持するためには1気圧以下のわずかなガスを使うことが多いのですが，瞬間的にレーザー光を出すパルスレーザーでは，安定な電気放電を必要としないので，1気圧以上の高いガス圧を使います。最適なガス圧は，レーザーの種類で決まるのではなく，レーザーの設計によって変わります。したがって，装置ごとに最適なガス圧が存在します。

ガスレーザー媒質を励起するのに最も良く使われるのは，**図9-2**に描いているように，レーザーガスを閉じ込めてあるレーザー管の長さの方向に電気放電を起こさせる縦放電方式です。これは蛍光灯と似た構造です。蛍光灯の場合も同じく，最初に，高電圧で加速した高電流で多数の高エネルギー電子を

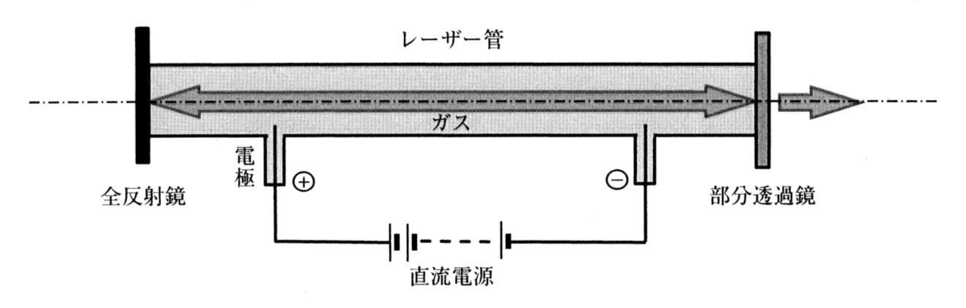

図9-2　縦放電方式ガスレーザー

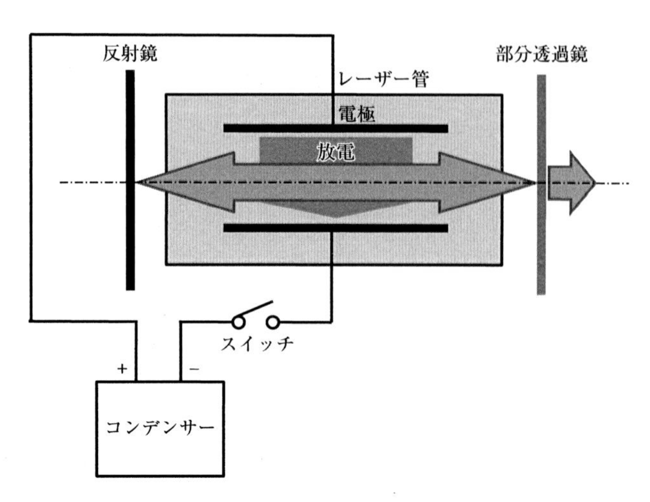

図9-3　横放電方式ガスレーザー

流して，ガスをイオン化し，電気を流れやすくします。一度イオンができると，電気は流れやすくなるので，高電圧は必要なくなり，適当な数の電子が流れる放電を維持するだけで十分となります。このような縦放電方式は，ヘリウムネオンレーザーのように出力パワーが低いレーザーに適した励起方法です。

縦放電方式では，高出力レーザーに必要な大電流を流すことはできません。そこで**図9-3**のようにレーザー管の長さと垂直な方向に放電を起こさせる横励起方式を使うことにします。コンデンサーに蓄えた電気エネルギーを特殊なスイッチを使って瞬時に放電させます。この方式は炭酸ガスレーザーやエキシマレーザーなどに適しています。

応用面では，半導体レーザーや固体レーザーに押されがちなガスレーザーですが，他にない特徴も持っています。可視域では半導体レーザーの方がポピュラーですが，周波数標準となるような特殊なものは未だガスレーザーですし，短い波長を出すことができるのもまだまだガスレーザーが勝っています。

第10章 いろいろなガスレーザー

いくつかのガスレーザーについて具体的にお話ししていきましょう。まずは，世界で最初に連続発振したヘリウムネオンレーザーです。**図10-1**に，このレーザーに係わるエネルギー準位を描いています。レーザー光の発生そのものは，ネオンが持つエネルギー遷移のλ=632.8 nmを増幅させていますが，ネオンだけの放電，増幅では発振できないのでヘリウムの手助けを受けています。この混合ガス中を放電による電子が流れ，電子との衝突によって主にヘリウム原子がこのエネルギーを受け取ります。

ヘリウム原子の励起状態はネオン原子の励起状態に近いエネルギーを持っているので，ヘリウム原子とネオン原子が衝突した際に，エネルギーがヘリウム原子からネオン原子に移されます。ネオン原子のこれらの励起状態からそれらより下にあるエネルギー状態への遷移がレーザー発振となります。

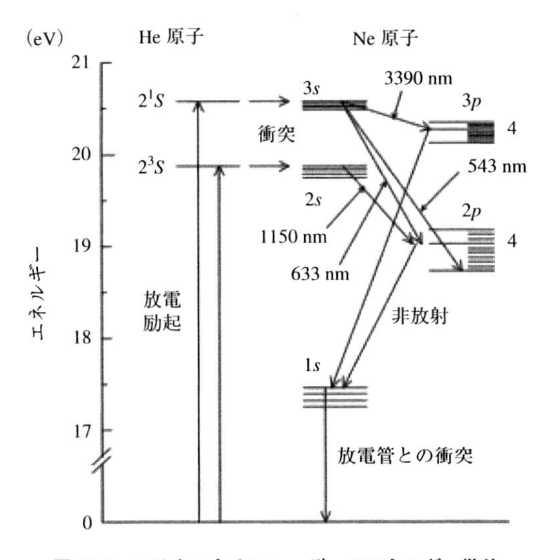

図10-1　ヘリウムネオンレーザーのエネルギー準位

ヘリウムネオンレーザーはレーザー発振の増幅度が低く，発振条件が厳しいため，反射ミラーに精度の良いものを採用し，何度も光を往復させなければなりません。そのためレーザー管に取り付けられているガラス窓を通過する際の反射による損失を減らすべく，**図10-2**のように，光線とある一定の角度で取り付けられているブリュースター窓を採用しています。**図18-4**で示していますが，ブリュースター窓では，ある方向の偏光に対する反射率がゼロになるため，窓における損失がありません。その結果，レーザー発振が可能になります。

ヘリウムネオンレーザーのエネルギー効率（光出力エネルギー／入力電気エネルギー）は，0.01％～0.1％と大変低いものになっています。10 mWの光を取り出すのに，100 Wの電気を必要とするのです。これは，レーザー遷移が基底状態からはるかに高いエネルギー状態にあるためです。レーザー下準位はネオン原子の基底状態ではなく，下準位にあるネオン原子は，ガス容器の壁との衝突によってエネルギーを失い，最終的には基底状態にまで落ちていきます。

ヘリウムネオンレーザーは，直線性とコヒーレンスが極めて良好な光で，しかも安定しているので，長さの基準，レーザー測定器，各種アライメント用マーカー，ホログラフィ再生光源などの特殊な用途には現在でも利用されています。

このレーザーは，赤色が有名ですが，**図10-1**に描いているように緑色から赤外までの多くの発振線を持っています。ヘリウムネオンレーザーと同類

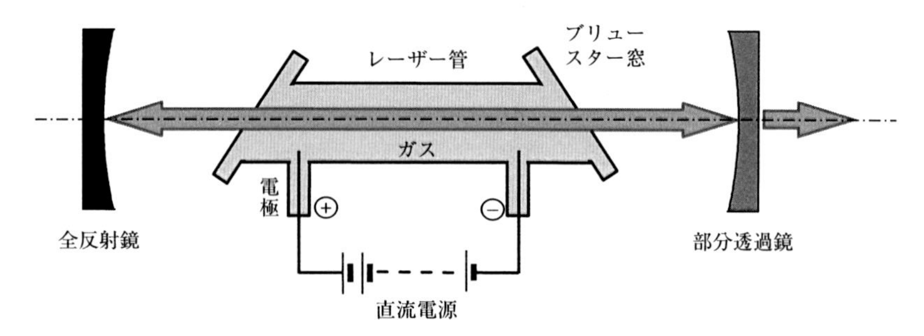

図10-2　ブリュースター窓を持つヘリウムネオンレーザー

の希ガスイオンを使った目に見える波長の連続発振レーザーには，アルゴンレーザーとクリプトンレーザーがあります。紫外，青，緑，赤外において，はるかに大きな出力を出すことができますが，現在では目にする機会が少なくなってきています。つい最近まで，固体レーザーの励起用の緑色レーザー光源として使われていましたが，別の固体レーザーに置き換わってきています。

炭酸ガスレーザーは特殊なレーザーで，10 μm付近の赤外波長域において極めて高い出力を出すことができるレーザーです。炭酸ガス分子は，1個の炭素（C）原子と2個の酸素（O）原子が直線的に結びついている構造をしています。この分子の中の，原子間の振動状態の変化がレーザー発振に直接関係しています。

分子構造は，バネで結びついているボールを想像して下さい。**図10-3**のように，バネが伸縮振動したり，バネの角度が変化します。それらのわずかな変化が，エネルギー差を作り出します。これがレーザーのエネルギー準位を作り，10.5 μmから9.6 μmの範囲に約440本と極めて多数の発振線が得られます。

炭酸ガスレーザーには，炭酸ガスを窒素とヘリウムを混合したガスを使います。混合ガスの中を放電電流が流れると，電子との衝突によって窒素分子がエネルギーをもらい分子振動が激しくなります。窒素分子の励起状態は炭

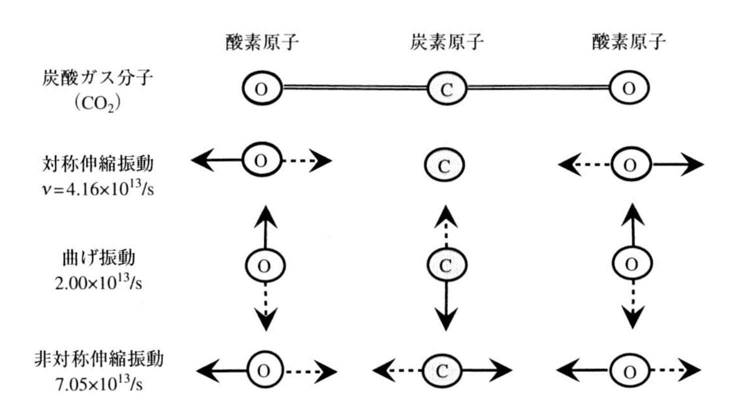

図10-3　炭酸ガス分子の振動

酸ガス分子の伸縮振動エネルギー状態に近いので，窒素分子のエネルギーは簡単に炭酸ガス分子に移行します。

ヘリウムガスはレーザー下準位にある炭酸ガス原子をさらに低いエネルギー準位に落とす役目をし，さらに放電によって上昇したガスの温度を下げる役にも立ちます。炭酸ガスレーザーの効率は約50%にも達します。ガス圧が低い場合は連続発振が可能ですし，高圧ガスを使うと高出力パルス光を得ることができます。大きいものでは数百kWの連続発振も得られます。

高出力を利用することで鉄板の切断や溶接などが可能になりますし，赤外光の特徴を活かすことで透明なガラスの加工も可能になります。また，既製服の布地の切断にも炭酸ガスレーザーが適用されています。さらに炭酸ガスレーザーは水分を多く含む皮膚組織にうまく反応するので，ほくろやいぼの除去など美容外科にも多く用いられています。

多くのガスレーザーは大気中に存在するガスを使うのが普通で，炭酸ガスとかヘリウムネオンレーザーなどはその代表です。例外的なのが，エキシマレーザーです。エキシマレーザーは，1975年に現在の原型が登場してから目覚ましい進歩を遂げたレーザーであり，レーザーの中では比較的新しいレーザーです。アルゴン，クリプトン，キセノンなどの希ガスとフッ素，塩素，臭素などのハロゲン原子がくっついた希ガスハロゲン分子をエキシマと呼んでいます。これらの分子は励起状態でしか存在しません。

エキシマとは，励起状態分子の意味で使われ始めました。励起状態でのみ分子の形で存在し，レーザー選移で下準位に落ちると，分子の形は壊れて別個の原子になってしまいます。すなわち，レーザー上準位と下準位の種類が違うために，レーザー選移の下準位がいつでも空の状態にあります。

励起状態のエキシマ分子を作れば，それだけで反転分布が形成されたことになるので，非常に効率の良いレーザーです。エキシマレーザーの励起には，希ガスとハロゲンガスの混合ガス中を強力な電気パルスを瞬間的に通す横放電方式によって行うのが普通です。エキシマレーザーは，紫外波長域における高出力レーザーとして医療，眼の手術などに利用されています。さらに，パソコンなどの心臓部である半導体集積回路を作る際の光源としてArFエキシマレーザーが使われています。しかしながら，腐食性の高いハロゲンガスを使うことや，高電圧パルスを発生させる装置が必要なことから，次第に固体レーザーに置き換わっていくでしょう。

こうして見てみると，ガスレーザーは種類の多さもあって，いろいろなところで使われてきました。しかしながら，ガスは発光原子・分子の密度が低いため，大型にならざるを得ないことから，特殊な用途を除いて，後発の固体レーザー・ファイバーレーザーや半導体レーザーに席を譲る時代がやって来ています。

第11章 ルビーレーザーを例にした固体レーザー入門

結晶の中に埋め込まれた発光原子を利用した固体レーザーについてお話しします。世界で最初に発振に成功したルビーレーザーを例にとって，固体レーザーに共通した話題を取り上げましょう。

ルビーレーザーは，発光原子であるクロムを無色透明なサファイア結晶の中にまばらに孤立させたものです。アルミニウムの酸化物をサファイア（Al_2O_3）と言いますが，これは無色透明です。これに0.01～0.5％のクロム（Cr）を混ぜると，ピンク色になります。ところどころのAl原子がCr原子に置き換わっています。周りの酸素原子と結合しているので，通常は3個の電子を失ったCr^{3+}イオンとなっています。ちなみに，青色をしている宝石は，Al_2O_3中にチタンや鉄を不純物として含んでおり，不純物独特の色を呈しています。

レーザーは原子の発光を利用します。そのため，発光体を原子の状態に保たなければなりません。ガスレーザーでは，発光原子がばらばらの状態になっていましたが，固体では無理矢理ばらばらの状態にしなければなりません。原子同士の間隔が原子1個分程度に近づくと，個々の原子の性格が失われてしまい，エネルギー準位に広がりが生じます。

そこで，**図11-1**のように発光原子（ゲスト：クロム）を母体（ホスト：サファイア）の中にまばらにまき散らして，発光原子同士の間隔を大きくする必要があります。すなわち，母体である固体の中にあって，発光原子を孤立させる必要があります。

母体材料として満たさなければならない条件としては，ポンプ光とレーザー光の両方の波長に対して透明であることが最大のポイントです。不透明ですと，ポンプ光が発光原子の励起に有効に使われませんし，レーザー光が母体から外に出てきません。

発光原子が決まると，どの波長の光でポンピングするのが良いのかが決まるので，当然母体材料も制限を受けることになります。ポンプ光の吸収が大

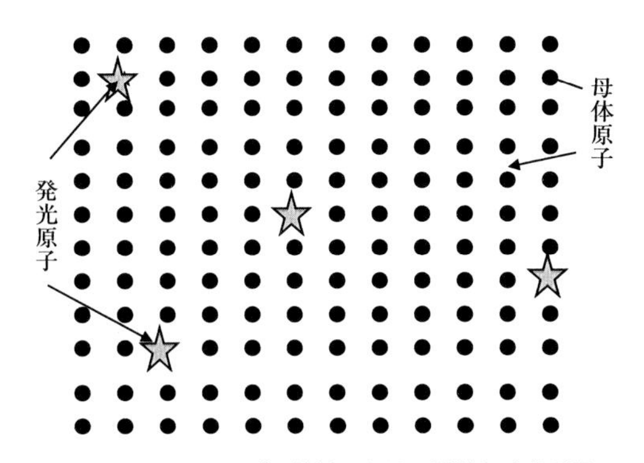

図11-1　固体レーザー材料における母材と発光原子

きすぎると，母体材料がポンプ光を吸収して温度が上がってしまいます。

母体材料としては，熱特性も重要なファクターです。ポンプ光源としてフラッシュランプを使った場合，ポンプ光のほとんどが，発光原子を励起状態に上げるよりも，固体の温度を上げることに使われると言っても過言ではありません。ポンプ光の1%程度しか有効に利用されていないのが普通です。

そのため，母体材料の中では熱を効果的に逃がす工夫が必要になります。熱を逃がすだけでなく，母体としては熱が良く伝わるものが良いことになります。しかも，形を工夫して熱を逃がさなくてはなりません。レーザー固体の温度が上がると，どういうことが起こるでしょうか。

まず，固体の温度が上がりすぎると，レーザー固体そのものにダメージを与え，固体に曲げとか歪みなどが入ってしまいます。さらに，ひび割れや軟化が起こる場合もあります。この問題は重大で，二度と使えなくなってしまうかもしれません。

熱の影響の2番目は，発光原子のエネルギー分布に影響を与え，利得を下げたり，レーザー効率を低くしてしまいます。3番目は，レーザー固体の熱膨張によって，屈折率が変化し，材料内で屈折率の違う部分ができてしまうことがあります。そうなると，光が曲がってしまって，レーザー共振器間を往復することができなくなり，その結果レーザー発振の効率が低くなったり，最後にはレーザー発振しなくなってしまいます。場合によっては，強制的に空冷か水冷のような冷却が必要になってきます。

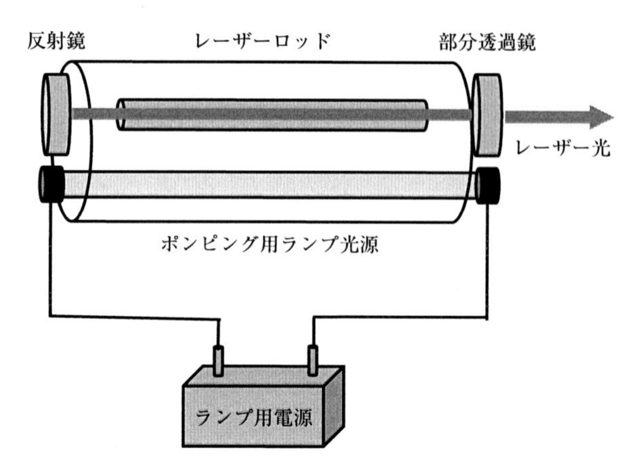

図11-2　フラッシュランプ励起方式固体レーザー

サファイア結晶は熱を伝えやすい性質を持っています。そのため，温度の上昇によるダメージを受けにくい長所があります。したがって，極めて強いフラッシュランプでポンピングすることができるのです。フラッシュランプで励起する方式のルビーレーザーの構造を**図11-2**に描いています。

レーザー固体の形状は，丸い鉛筆の形をしたロッド状のものが一般的に使われています。表面積が大きいほど熱の逃げる割合が大きいので，円形の断面のものが基本です。直径数mm，長さ数十mmのものが最もよく使われています。本当に鉛筆くらいのものです。意外と小さいのには驚かれた方もいらっしゃるのではないでしょうか。両方の端面で光が散乱しないように，光学研磨されていることは言うまでもありません。共振器ミラーはロッドの両端に置かれるのが普通です。

固体レーザーとしては，発光原子を含んだ母体の単結晶を作らなければなりません。結晶を作るのは簡単ではありません。ましてや，大きくて光学的に均質な結晶を作るのはとても難しいのです。その結果，ガスレーザーと比べると，固体レーザーの種類は非常に少ないのです。

ルビーレーザーのエネルギー準位は**図11-3**のようになっています。ルビーレーザーは，基底状態をレーザー下準位に使用しているため，いろいろな欠点が生じてきます。3準位レーザーなので効率は決して高くはありません。

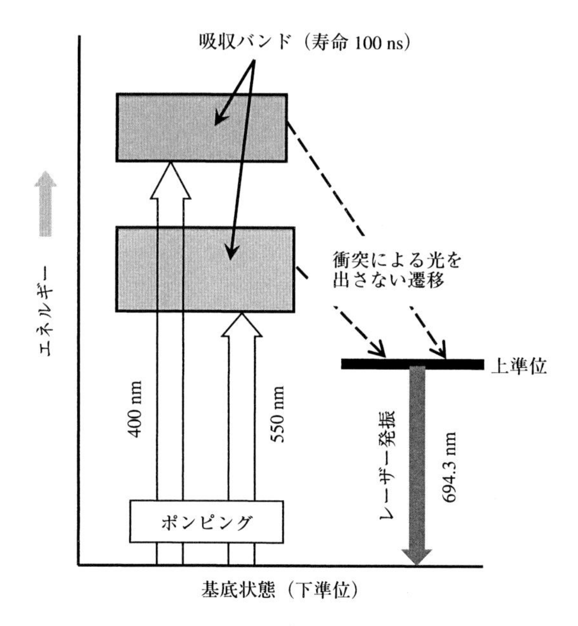

図11-3　ルビーレーザー（Cr^{3+}：Al_2O_3）のエネルギー準位

基底状態にあるクロム原子は，550 nmと400 nm付近の光を吸収して励起状態に上がります。これらの吸収帯は，フラッシュランプの発光スペクトルと良く一致しています。

フラッシュランプは，カメラのフラッシュをイメージして下さい。フラッシュランプはこれらの波長の光以外に，赤外から可視，さらに紫外の波長域において強い光を出すことができます。フラッシュランプ出力光の大部分はレーザー結晶の温度を上げるのに使われます。ポンピングに使われる光はほんのわずかです。

励起状態に上がった原子は，約100 ns後にエネルギーの一部を放出して準安定状態に落ち着きます。原子がこの準安定状態に落ち着いていられる時間は3 msで，その間に刺激を受けると，694.3 nmの赤色光を放出して基底状態に戻ります。レーザー下準位として基底状態を使っているので，極めて強い光でポンピングして，基底状態の原子を励起状態にまで持っていく必要があります。

そうでなければ，吸収が大きくなってレーザー発振を得ることが難しくなってしまいます。効率の低さだけではなく，赤色の強力な光に対する要求も徐々に減ってきている現状を見ると，最初に発振したレーザーとしての興味は尽きませんが，次第に利用価値が無くなってきているレーザーの1つと言えそうです。

第12章 ネオジウム固体レーザー

発光原子は，ポンプ光を吸収して準安定なレーザー上準位に上がらなくてはなりません。また，発光原子同士の間隔を離しておく必要があることから，母体結晶のたかだか1％程度の発光原子しか入れることはできません。

発光原子として最もよく使われる原子には，ルビーレーザーのクロム（Cr）以外に，ネオジウム（Nd），チタン（Ti）などがあります。これらの原子は母体の中ではイオンになっていることが多いために，発光原子のことを発光イオンと呼ぶこともあります。すなわち，Cr^{3+}，Nd^{3+}と言ったところです。

ちなみに，3+のイオンとは，原子から3個の電子が無くなった状態のことを言います。イオン状態にあるということは，発光原子は母体原子と化学結合をしていることを意味しています。化学結合しているからこそ，発光原子は母体の中で安定に存在するのです。化学結合しているために，同じ発光原子でも，母体の種類が違えば，レーザー発振する波長もわずかに違ってきます。

固体レーザーと言えばこれを指すくらいに広く使われているのが，ネオジウム（Nd）を発光原子とするレーザーです。これは，ネオジウムを結晶母体中に混在させたものです。ネオジウムレーザーは，おおむね同じエネルギー準位構造を持っていますが，発振波長は母体によって多少変化します。

最も良く使われている母体はイットリウム（Y）とアルミ（Al）と酸素を含む結晶で，ガーネット（これも宝石の一種）と同じ結晶構造を持つことからイットリウム・アルミニウム・ガーネット（頭文字を取ってYAG）と呼ばれる単結晶です。YAG結晶を化学組成で書くと，$Y_3Al_5O_{12}$です。結晶中のYが数％のNdで置き換られています。このレーザーをNd:YAGレーザー，あるいは単にヤグレーザーと表示しています。この他にも，イットリウム・リチウム・フッ化物（$YLiF_4$），イットリウム・バナジウム酸塩（YVO_4），イットリウム・アルミ酸塩（$YAlO_3$）などがあります。結晶以外にも，珪酸ガラスやリン酸ガラスなども使われています。

ネオジウムレーザーのエネルギー準位を**図12-1**に描いています。703 nmと800 nmに中心波長を持つ光を吸収して，ネオジウム原子は励起状態に上がります。そこから直ちにレーザー上準位に落ちてきて，1064 nm（=1.064 μm）の波長の光を出してレーザー下準位に落ちてきます。ここまで落ちた原子は，さらにエネルギーを放出して基底状態に戻ります。レーザー下準位と基底状態の間のエネルギー差が大きいので，普通の状態ではレーザー下準位は空の状態です。したがって，レーザー上準位にまで上げることができれば，反転分布は直ちに実現されることになります。これで，ルビーレーザーの例で見てきたような3準位レーザーと比べて，この4準位レーザーは効率が高いことがお分かりいただけたことと思います。

ところで，励起状態に上げるために必要な光の波長が，703 nmと800 nmであることで，かつてはポンピング用にフラッシュランプが用いられてきました。しかし，この場合はランプの出力のほとんどが温度を上げることに使

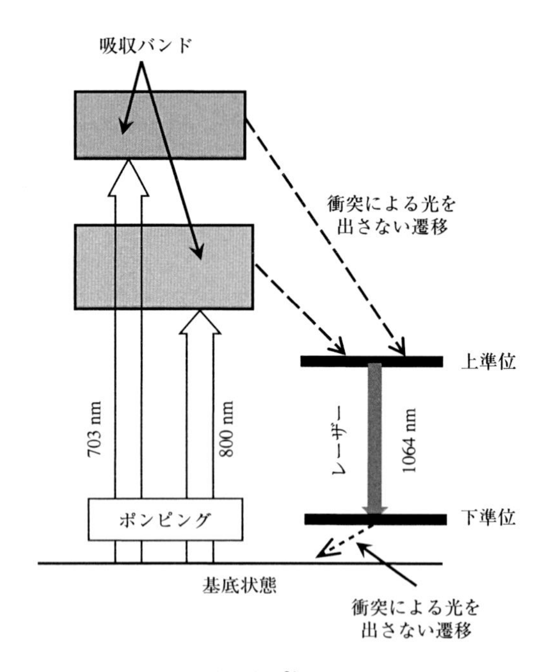

図12-1　ネオジウムレーザー（Nd^{3+}：$Y_3Al_5O_{12}$）のエネルギー準位

われてしまい，肝心のポンピングに使われるのはランプ出力のほんの一部でした。そこで，最近ではGaAlAs半導体レーザーが使われています。

GaAlAs半導体レーザーは，半導体レーザーの中でも，ネオジウムの800 nm付近の強い吸収ピークに一致する，750－900 nmの近赤外波長域において最も高いパワーを出すことができるデバイスです。半導体レーザーでポンピングした場合，ポンピング光の大部分が励起に使われて，レーザー材料の温度を上げる影響が少ないのです。そのために高繰り返し動作が可能となります。

半導体レーザーは，電気エネルギーから光エネルギーに変換する装置としては極めて効率の高い装置です。市販されているものでも10％以上，実験室レベルでは50％の電気－光変換効率を得ることが可能な，極めて優秀なデバイスとなっています。

さらに，半導体レーザーでポンピングした場合，レーザー結晶を余分に加熱することがないので，小型で高効率の固体レーザーが実現できることになります。個々の半導体レーザーが生み出すことのできるパワーはしれているので多数の半導体レーザーを並べた構造のアレイレーザーが使われることもあります。多数の半導体レーザーでポンピングする様子を**図12-2**に描いています。実際は，ネオジウム原子のエネルギー準位は数本の準位からできており，その結果，基本の1.064 μmだけでなく，1.318 μmの赤外波長でも発振します。

レーザーの欠点は波長を適当に選べないことにあります。そこで，違う波長の光を使いたいときには，波長を変える何らかの手段を使わなくてはなりません。第19章でお話しするように，ある種の結晶を通すことによって，元の波長の1/2，1/3，1/4などの短い波長の光を作ることができます。

このような波長変化を起こさせる結晶を非線形光学結晶と言います。ネオジウムレーザーの出力をこの結晶を通すことによって，（1064/2＝）532 nm，（1064/3＝）355 nm，（1064/4＝）266 nmなどの可視から紫外の光を作り出すことができます。小さな結晶をレーザーの前に置くだけでこのような短い波長の光を作ることができるので，思ったより小型の装置で可視から紫外の光を出すレーザー装置ができることになります。

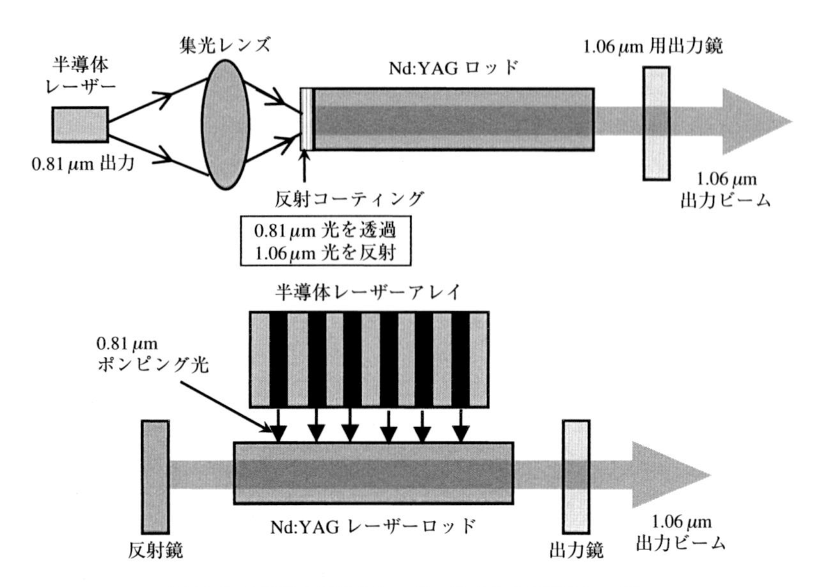

図12-2　2種類の半導体レーザー励起方式の固体レーザー

ネオジウム以外では，エルビウム（Er），ツリウム（Tm）あるいはホロミウム（Ho）を発光原子とするレーザーがあります。これらは2 μm付近の赤外の波長域で発振し，目にダメージを与えないことから，アイセーフレーザーと呼ばれています。

この特性を活かし，医療用あるいは地上でのレーザーレーダーなどに使われています。エルビウム発光原子は2.9 μmで発振し，細胞による吸収が大きい波長なので，主に医療用に開発が進んでいます。ホロミウム発光原子は2.1 μmで発振し，これも医療用に応用するための開発が進んでいます。

第13章 波長可変固体レーザー

結晶中では，隣り合った原子はバネで結びつけられているようになっていると考えることができ，原子が規則的に振動しています。この振動によって，エネルギー準位ができます。電子のエネルギー差よりも，この振動によるエネルギー差は小さく，それぞれの電子状態において様々な振動エネルギーを持つ状態が存在しており，ある程度幅を持った振動準位が存在します。

このような振動準位帯を含む電子のエネルギー準位を電子振動（振電とも言います）準位と呼んでいます。**図13-1**には，レーザー上準位も下準位も電子振動準位からできている場合を描いています。レーザー遷移に関係するエネルギー準位が幅を持つことによって，レーザー発振の波長にも広がりが現れます。広い波長範囲で発振するので，単一波長の光を取り出すためにはレー

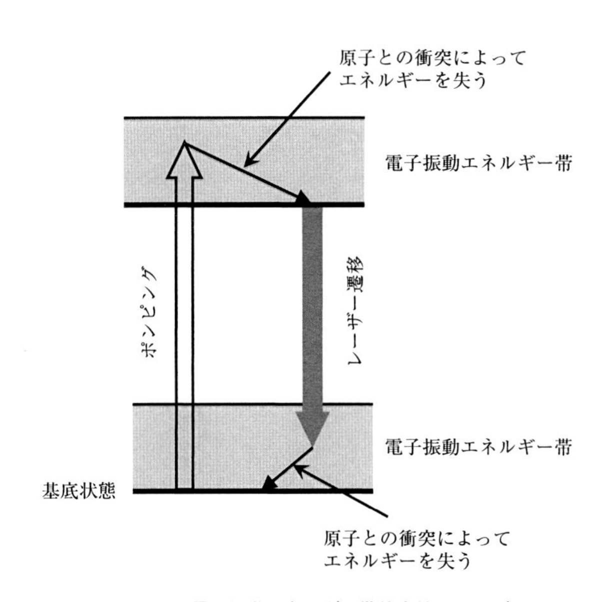

図13-1　電子振動エネルギー準位を持つレーザー

ザー共振器の中に波長を選択するための素子などを入れる必要があります。

一方，波長可変固体レーザーは，これまでお話ししてきたレーザーの欠点である，一つの波長の光しか作れないことを凌いでいます。最初に開発された波長可変固体レーザーは，アレキサンドライトレーザーです。

アレキサンドライト（宝石の一種，化学式は$BeAl_2O_4$）結晶の中にCr発光原子が混在しています。エネルギー準位はルビーレーザーと良く似ており，**図13-2**のようになっています。380－630 nmの光でポンピングすることができます。このレーザーは，ルビーレーザーの発振波長に近い680 nmの単一波長での発振に加えて，700－830 nmの波長範囲で発振し，主に美容医療用途で使われています。

波長可変固体レーザーの中でも，最も広い波長範囲で発振し，後でお話しする超短パルスの発生に利用されているのが，チタン（Ti）発光原子をサファイア（Al_2O_3）結晶中の混在させたチタンサファイア（$Ti:Al_2O_3$）レーザーです。この結晶では，Al原子の位置にTi発光原子を0.1％の割合で混ぜてあります。

Ti原子は母体結晶の原子と強く結びつく傾向があるので電子振動エネルギー準位を作りやすく，波長可変固体レーザーでは良く使われています。レー

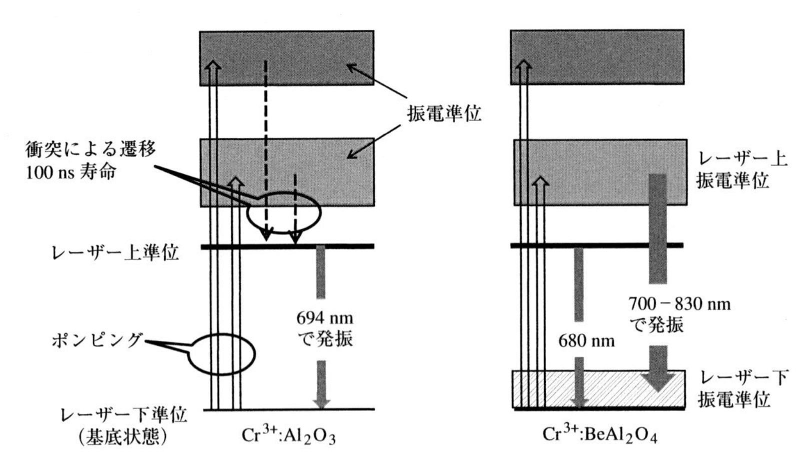

図13-2　クロムイオンを含む2種類のレーザー（ルビーレーザー（$Cr^{3+}:Al_2O_3$）とアレキサンドライトレーザー（$Cr^{3+}:BeAl_2O_4$））

ザー発振は660 nmの赤色から近赤外の1180 nmの広い範囲で起こります。ポンピングには，500 nm付近の強力な緑色の光が必要です。通常は，周波数を2倍に変換したネオジウムレーザーが使われます。**図13-3**は，チタンサファイアレーザーを用いた超短パルス発生装置です。内部は緑色に光っています。これはポンピング用のレーザー光が光学部品で散乱されているためです。

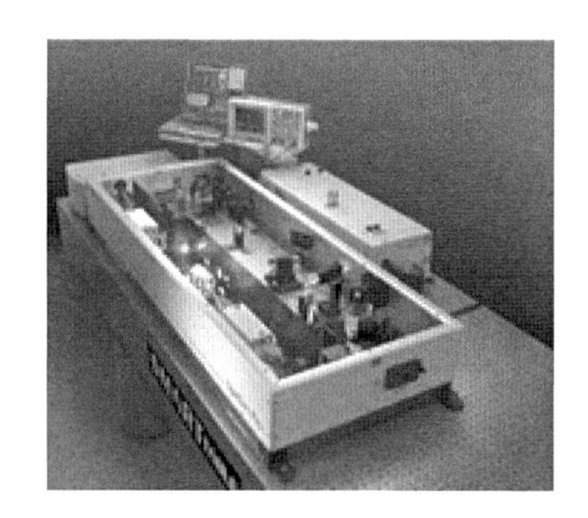

図13-3　チタンサファイアレーザー（Ti^{3+}：Al_2O_3）を用いた超短パルスレーザー

発振波長範囲の広いレーザーを使った超短パルスの発生についてお話しします。**図13-4**には，3つの異なる周波数の波を重ね合わせた計算結果を描いています。中央付近は，3つの波が強めあった結果，振幅の大きな波になっていますが，それ以外の箇所では，弱めあうために，振幅がほとんどゼロになっています。このように周波数の異なる波を重ね合わせることによって，短時間しか振動しないパルス波が得られます。

重ね合わせる波が多いほど，言い換えれば，広い範囲で異なる周波数を持つ波を重ね合わせることによって，急峻な鋭いパルス波が得られます。このような極めて短時間だけ発光するものを超短パルスと言います。これは，時間幅の非常に短い（10兆分の1秒程度：10 fs（フェムト秒）$=10^{-14}$ s）光波です。

図13-4で見たように，超短パルスは，多くの周波数（色）の光が位相を揃えて重ね合わされることで形成されます。第8章で縦モードのお話しをしました。反射鏡の間隔を共振器長と言いますが，この長さをLとすると，縦モードの間隔は$c/2L$

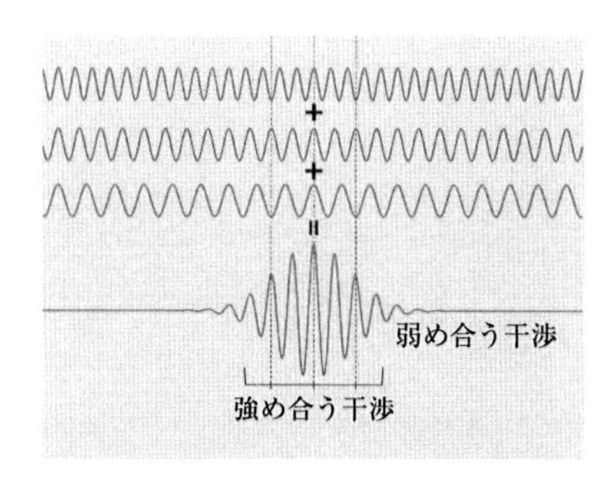

図13-4　3つの異なる周波数の波を合成して得られるパルス波

（c：光速）で与えられます。

例えば，50 cmの共振器長とすると，この間隔は3×10^8 Hzになります。Ti:Al_2O_3レーザーの発振波長を周波数に換算すると，中心波長の800 nmは375×10^{12} Hz＝375 THz（テラヘルツ）と計算できます。

このレーザーの発振波長範囲は660 nm～1180 nmあるのですが，**図13-5**のようにピークの高さが半分程度になる周波数範囲としてΔf=60 THzを取りましょう。この周波数範囲の中に，実に2×10^5本の縦モードが含まれているのです。

これだけ多くの周波数が異なる波を合成した時に得られるパルスの時間幅tはいくつになるのでしょうか。発振周波数範囲Δfとパルス時間幅tとの間には，$t=0.4/\Delta f$の関係があります。係数はパルスの形によって変わりますが，概ねこの程度の値です。この式に当てはめてみると，Ti:Al_2O_3レーザーから得られるパルスの時間幅は$t=5 \times 10^{-15}$ s=5 fsとなります。

実際に超短パルスを発生させる方法はいくつかあるのですが，基本的には縦モードに位相を揃えて発振させるモード同期を使います。**図13-5**に描いているように，共振器の中にスイッチを入れて，縦モードの位相を揃えるこ

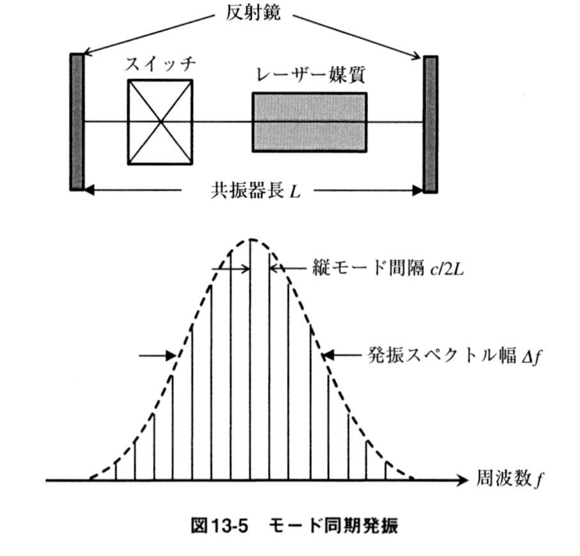

図13-5　モード同期発振

とによって，理想的には5 fs程度のパルスが得られます。

このようにできるだけ短いパルスを作るためには，できるだけ波長範囲の広いレーザー発振を使うことが必要です。その点，ここでお話ししている波長可変固体レーザーは，超短パルスの発生に適していると言えるでしょう。その中でも，最も広い波長範囲で発振する$Ti:Al_2O_3$レーザーは超短パルス発生用レーザーとして広く用いられています。

これらの話しをまとめると，超短パルスはスペクトルが広い，という特徴を持ちます。また，光エネルギーが一瞬に込められているため，ピークパワーが高いという特徴も持っています。これらの特徴は，高速光通信，光による材料の加工，光計測などの応用において有効に働くことが見出されています。また，基礎科学分野では，原子・分子・電子の高速な動きを観たり，コントロールしたりする能力を持っている点が魅力的です。

第14章 ファイバーレーザー

光に対する物質の性質は，屈折率で表わされます。物質の屈折率は，空気の場合は1ですが，他の物質は1より大きな値を持っています。屈折率が1の空気から，n（>1）の物質に光が入ると，光の速度は空気中の速度の1/nに遅くなります。

例えば，光ファイバーでは石英ガラスが使われており，この屈折率は約1.5なので，このガラスの中では，光は約20万km/sで進みます。空気中では1秒間に30万km進むので，その1.5分の1になっています。

図14-1のAのように，光が屈折率の高い物質2（例えば，ガラス）から屈折率の低い物質1（例えば，空気）に到達すると，その角度を変えて進入していきます。これが屈折という現象です。光の進入角度がBのように浅くなると，透過する角度も小さくなり，境界面に対して平行に近くなります。そこでさらに進入角度を小さくすると，Cのように光は物質1の中に入っていくことができなくなり，すべての光が境界面で反射されることになります。このようにすべての光が反射されることを全反射と呼び，このときの入射角度を臨界角と呼びます。

ものを見るときは，そのものから反射される光を目でとらえて見ているの

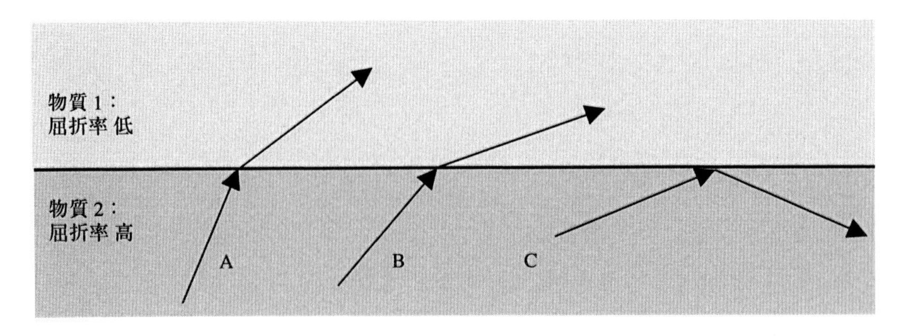

図14-1　屈折と全反射

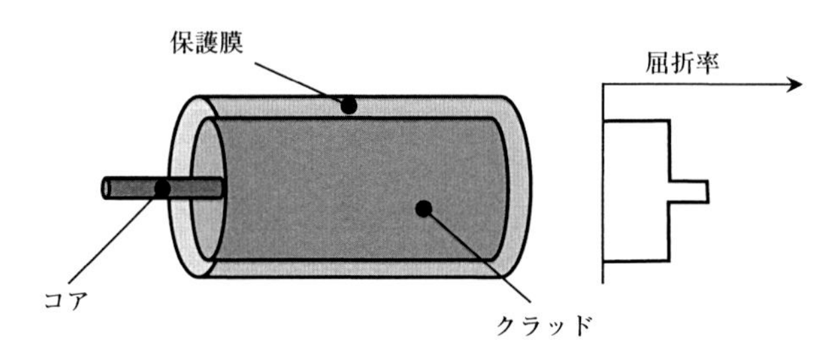

図14-2　光ファイバーの構造

で，例えば水中を泳いでいる魚からは人間が良く見えているのですが，人間からはある程度の角度を持った光しか見えないことになります。

水中から水面に低い角度で入ってくる光は全反射して，空気中には出てこないことになります。言い換えると，光は屈折率の高い場所に閉じ込めることができるのです。閉じ込める空間を石英ガラスやプラスチックで形成される細い繊維状の物質にしたものが，光ファイバーです。光ファイバーは，**図14-2**のように中心部のコアと，その周囲を覆うクラッドの二層構造になっています。

コアは，クラッドに比べて屈折率が高く設計されており，光は，全反射という現象によりコア内に閉じこめられた状態で伝搬します。なお，光ファイバーを側圧などの外力から守るために，周囲にクッションのような役割をする保護膜が設けられています。

このようなファイバーのコア中に発光原子を添加して，外から入射させた光でポンピングするのが，ファイバーレーザーです。ファイバーレーザーでは，レーザー光を閉じ込めることと，ポンピング光を閉じ込めるために，**図14-3**のようなダブルクラッド構造が使われます。コアにはErやYbなどの希土類元素を添加してあります。コアの屈折率が最も高く，外側に行くにしたがって低くなっています。

励起には高出力半導体レーザー（LD）が使われ，半導体レーザーにつながれた光ファイバーを通してダブルクラッドファイバーの第1クラッドに入射され，この光は第1クラッドと第2クラッドの境界で全反射を起こし，第1クラッド内に閉じ込められて伝搬していきます。

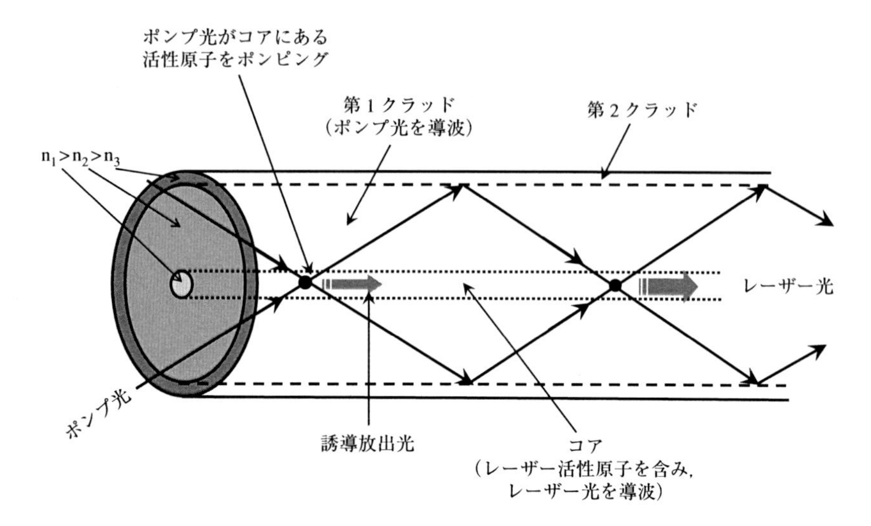

図14-3 ダブルクラッドを持つファイバーレーザーの構造

この光がコア内に存在する発光原子を励起し，コア内を進むうちに増幅されます。複数の半導体レーザー光を有効に利用するために，複数の光ファイバー光を一本にするためのポンプコンバイナーと呼ばれる結合器を通して入射されます。

Erを添加（ドープ）した光ファイバーは，光通信に利用される1.5 μm波長帯で発振・増幅することから，光通信における増幅用に使用されています。光ファイバー中を光が伝搬するとき，損失は非常に低いとはいうものの，ゼロではなく，長距離進むとかなりの減衰が起こります。

例えば，日本とアメリカの間（9600 km）の太平洋の海底ケーブルを使って通信するとき，途中で何もしなければ相手側まで伝送することはできません。そこで，途中に光信号を電気信号に変換して，電気的に増幅し，それから再度光に変換して伝送するべく，太平洋の中継器が設置されていました。

この中継器のために，別途電力ケーブルを設置して，電気エネルギーの供給も行わなくてはなりませんでした。Er添加光ファイバーが開発され，光で光の増幅が行えるようになったため，以前のように電気エネルギーを送る必要が無くなり，大変便利になりました。

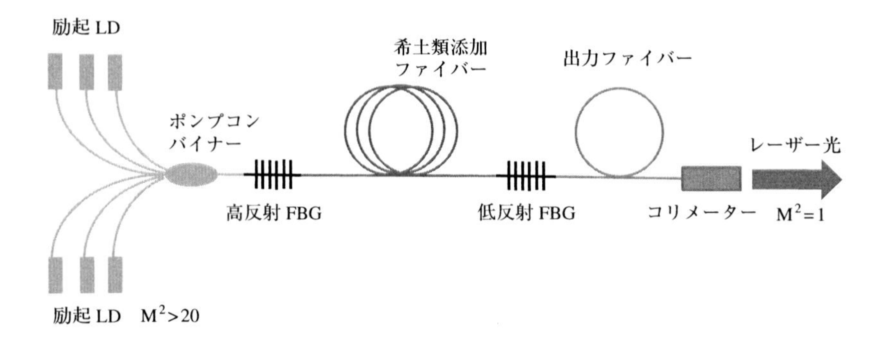

図14-4　連続発振ファイバーレーザー

このようなファイバーレーザーは(1)細いファイバー内に光を閉じ込めるためエネルギー変換効率が高い，(2)ファイバーは細くて表面積が大きいので冷却が容易で高出力化できる，(3)ファイバーと光部品を一体化できるため光軸のずれがなく高安定・高信頼，(4)ファイバー出力のためビーム品質に優れているなどの特徴を持っています。

光通信以外の応用に用いられる高出力型ファイバーレーザーとしては，Yb添加ファイバーレーザーが開発されています。これは950 nmの半導体レーザーで励起し，1030～1100 nmで発振します。このような連続発振(CW)ファイバーレーザーの主な用途は鉄板の切断や溶接などの加工分野です。

実際の連続発振ファイバーレーザーでは，**図14-4**のようにファイバーの両端にファイバーブラッグ回折格子（FBG：Fiber Bragg Grating）が融着されており，共振器を構成しています。出力側には，ハイパワー向けに設計された出力ファイバーが融着接続されており，コリメーターを介して出力する仕組みになっています。このときに得られるビーム品質は，理想的な$M^2=1$となるように設計されています。

図14-5のように，光ファイバーの中に屈折率の高い領域を周期的に製作すると，屈折率の異なる領域の界面において反射を繰り返す中，特定の波長の光だけを反射して，それ以外の波長の光を透過する性質を持たせることができます。光ファイバーにおけるこのような構造をファイバーブラッグ回折格子と呼んでいます。

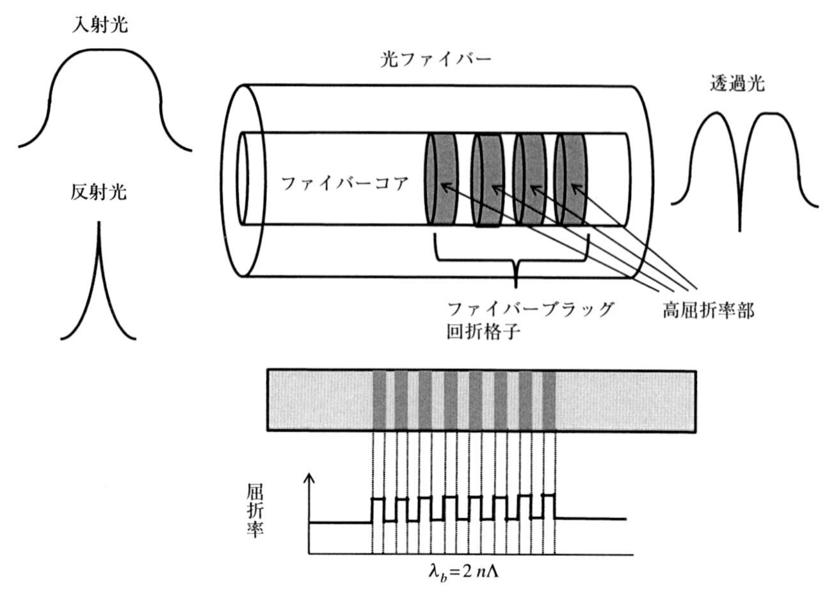

図14-5　ファイバーブラッグ回折格子

屈折率の値と高屈折率層の厚さ及び繰り返し層数を調整し，望みの波長の光だけを反射するものを作ることができます。増幅する部分と反射鏡に替わる回折格子の両方を光ファイバーの中につくることができるので，損失の少ない構造となります。

増幅された光は，直径の小さなコアから出てくるので，そのままでは空気中で広がっていきます。そこで，**図14-6**のようにファイバーの出口付近に凸レンズを置いて，平行ビームが得られるようにします。凸レンズは，中央部が厚くなっており，周辺に行くほど薄い構造を持っています。中央付近は，高屈折率領域を長く進み，周辺に行くほど距離は短くなります。その結果，凸レンズを通過した光が中央に集まります。

そこで，**図14-6**下のように，厚さは一定ですが，中央部の屈折率を高くし，周辺に行くほど屈折率が低くなるような構造を作ってやれば，凸レンズと同じ働きをさせることができます。科学的に言いますと，(屈折率)×(厚さ)の大きい方に光が集まります。このような構造を屈折率分布レンズ(GRIN：

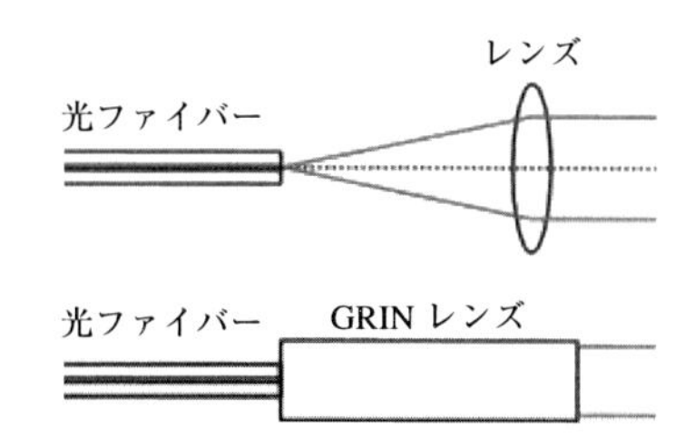

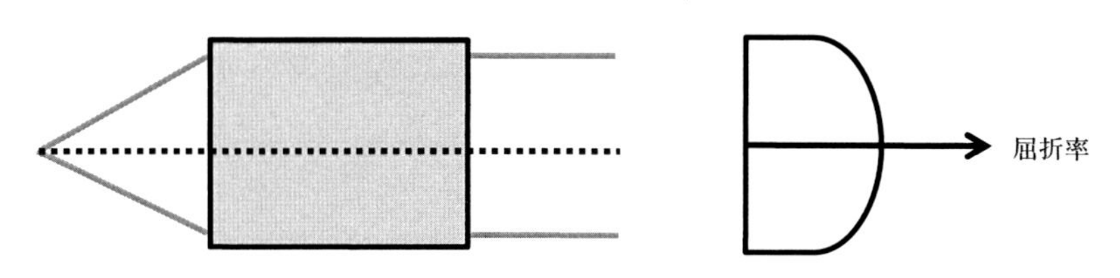

図14-6　ファイバーコリメーターとGRINレンズ

Graded Index Lens）と呼んでいます。このレンズを使って，光ファイバーレーザーの出力光を平行光にすることができます。このようなレンズを，特にファイバーコリメーターと呼ぶ場合もあります。

連続発振ファイバーレーザーとは別に，パルス発振ファイバーレーザーもあります。パルス光を半導体レーザーで作るものやファイバーレーザーで作るものがあります。この種光を光ファイバー増幅器に入れて増幅します。

図14-7に，プリアンプで少しだけ増幅した後，メインアンプで大きく増幅する，2段増幅システムを描いています。このような構成を，主発振器（Master Oscillator）と増幅器（Power Amplifier）を組み合わせたMOPA構成と呼ぶこともあります。種光となる半導体レーザー（LD）をパルスジェネレーターでパルス発振させているので，パルス幅や繰り返し周波数等のパルス特性をパルスジェネレーターで制御できる利点があります。

また，種光を高品質にすることで，最終段の高出力レーザー光を高品質で高安定に供給できます。バンドパスフィルターは，レーザーにとっては邪魔な光を除去するためのものです。出力があまり高くないパルスファイバー

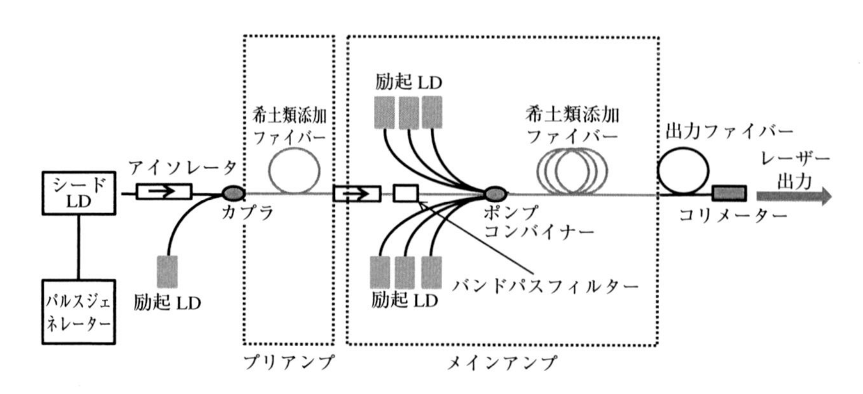

図14-7　パルス発振ファイバーレーザー

レーザーの主な用途は，金属表面に記号を書き込んだり，薄膜を成形するなどの高精密な微細加工です。

第15章 半導体について

一昔前までは，レーザーと言えば，ガスレーザーか固体レーザーを指していたのですが，今では半導体レーザーが代表格にまでのし上がる勢いです。このような半導体レーザーの基礎について詳しく見てみることにしましょう。

半導体レーザーは固体からできたレーザーですが，エネルギー構造とポンピングの両方に関して，普通の固体レーザーとはかなり異なったレーザーです。1章では語り尽くせないほど沢山あるので，数章に分けてお話ししていきます。

今まで見てきたレーザーでは，孤立した原子のエネルギー準位を利用してきました。固体の中に入れても，孤立原子の良いところを失わないよう，発光原子の濃度を低くして原子同士の相互作用がないように工夫してきました。

ところが，半導体では，もはや孤立原子のようなエネルギー準位を持つことはありません。半導体の中の電子は広いバンド（帯）状のエネルギー準位を取ります。各々のバンドは非常に多くの，密に詰め込まれたエネルギー準位からできています。これらの準位は，個々の原子と結びつけて考えることはできません。結晶全体の性質です。半導体レーザーの基本はエネルギーバンドです。そこでまず，半導体におけるエネルギーバンドについてお話しします。

例として，シリコン（Si）を取り上げます。シリコン原子は14個の電子を持っており，**図15-1 (a)** に描いているように，その電子はエネルギー値の低い方から，エネルギー準位 $1s$ に2個，$2s$ に2個，$2p$ に6個，$3s$ に2個，そして $3p$ に2個が入っています。$3p$ は，6個の電子まで入ることができるので，空席が4個あることになります。このようなSi原子が2個あり，互いに近づくと，原子・電子同士が影響を及ぼしあい，**図15-1 (b)** のように，それぞれの準位が2つに分裂します。

原子の数が増えて行き，多くの原子が規則正しく整列したものを結晶と呼びますが，その中の電子の準位は原子の個数と同じ数に分裂します。1 cm^3 の結晶の中には，約 10^{22} 個と極めて多数の原子が存在するので，分裂した電子準位は，**図15-1 (c)** では線で描いていますが，実際には塗りつぶされることになります。この塗りつぶされた準位が，バンド（帯）状になっていることから，エネルギーバンド（エネルギー帯）と呼ばれています。

1*s* エネルギーバンドには，2N本のエネルギー準位があり，そこに2N個の電子が存在しているので，満杯です。2*s*，2*p* エネルギーバンドも満杯です。一番上の3*s* と3*p* 状態は，お互いに影響し合って，3*s*+3*p* 混成バンドを作り，その混成バンドが2つのバンドに分離する現象が起こります。分離した2つのバンドには，各々4N個の準位が存在します。3*s*+3*p* 混成バンドには4N個の電子が存在するので，分離したバンドのエネルギー値の低い方に集ります。

原子と光のところで，電子のエネルギー準位間の移動による発光においても，最上段付近に位置するエネルギー準位だけを考ました。シリコン結晶の場合も，最上位の3*s*+3*p* エネルギーバンドにだけ注目すれば十分です。結晶内の原子間隔が，**図15-1 (c)** の縦点線の位置にあるときを拡大したのが**図15-2 (a)** です。

各エネルギーバンドは，電子が存在しうる準位でできているので許容帯と

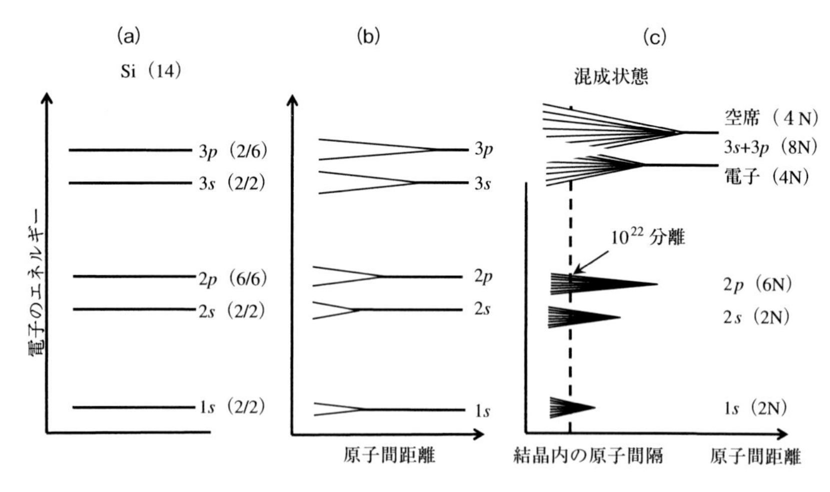

図15-1　原子，2個の原子，多数の原子でできた固体のエネルギー準位

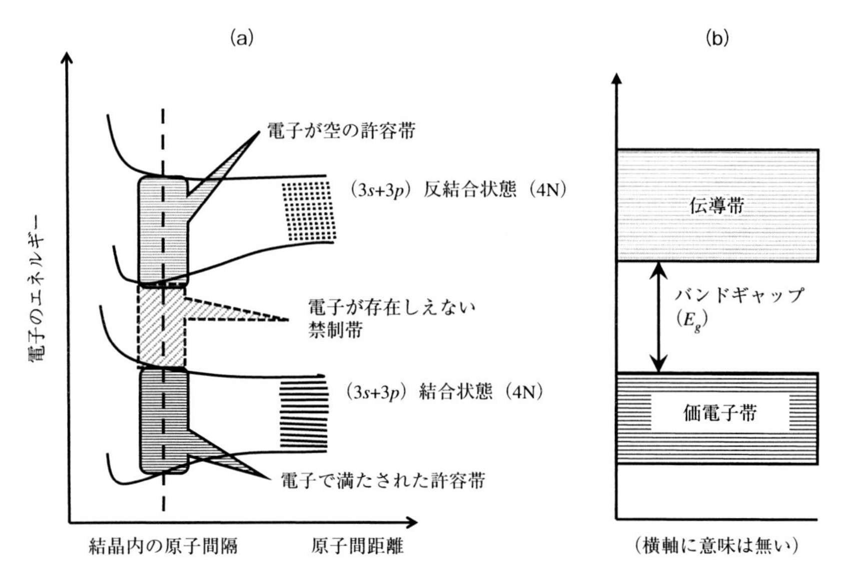

図15-2　半導体のエネルギーバンド

呼ばれ，それぞれ4N個の電子が入ることができます。これらのエネルギーバンドの中間には，禁制帯とかエネルギーギャップと呼ばれる，電子が取ることができないエネルギー領域があります。この図の点線の原子間隔のところだけを抜き出して，**図15-2 (b)** のようなエネルギー構造を描くのが普通です。最上位のエネルギーバンドには，電子が存在していないため，もしそこに電子が入ると，空席だらけの中にいるので，自由に動くことができ，電流が流れることになるので，上のバンドを伝導帯と呼びます。エネルギーギャップを隔てた下のエネルギーバンドは，原子間の結合に関与しているので，価電子帯と呼びます。このバンド内では，電子が満杯の状態にあり電子は身動きが取れません。

価電子帯の電子が，外部からエネルギー（温度，光など）をもらって伝導帯に上がると，動く電子が結晶内にでき，電気伝導性を示すようになります。結晶の種類によっては，バンド構造が異なります。**図15-3 (a)** のように，伝導帯と価電子帯が重なっているもの，すなわちバンドギャップがゼロものは，電子が自由に動くことができるので金属（導体）となります。**図15-3 (c)**

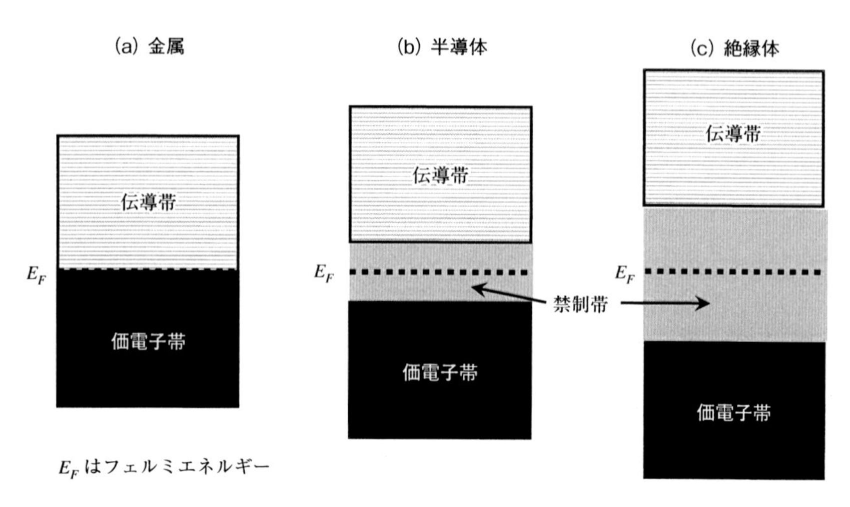

図15-3　金属，半導体，絶縁体のバンド構造

のバンドギャップエネルギーの大きなものは，電子が価電子帯から伝導帯に上がりにくいので絶縁体になります。小さなバンドギャップしか持たない場合は，電子が価電子帯から伝導帯に上がりやすいので，導体中ほど電子の数は多くはありませんが，絶縁体と比べると動き得る電子が存在するので，それらの中間の性質を占める意味で半導体と呼んでいます（**図15-3 (b)**）。すなわち，絶縁体と半導体は，バンドギャップエネルギーの大きさの差だけです。したがって，絶縁体と半導体の間に明確な区別はありません。この**図15-3**に描いていますフェルミエネルギーE_Fは，絶対0度において，このエネルギー値以下までは電子は満杯であり，それ以上のエネルギー状態には電子が存在しない境界のエネルギーのことを意味しています。

価電子帯には，電子が満杯（すべての座席に電子が存在している）に詰まっているので，動くことはできません。伝導帯では座席が空席になっていますが，電子が存在しないために電流は流れません。半導体結晶に，外部からエネルギーを与えて，**図15-4 (a)** のように価電子帯の電子を伝導帯に上げると，隣はどこを向いても空席だらけなので，この電子は自由に動くことができます。しかしながら，この電子を動かす力が存在しません。そこで，半導体結晶に外部から電圧をかけて，電子を動かす力を与えましょう。**図15-4 (b)** に描いているように，結晶に電池をつなぐことは，電子のエネルギーで見ると，結晶を斜めに傾けることになるので，水が流れるごとくに伝導帯の電子が（**図15-4**では）右方向に移動することになります。これで，結晶の中を電子（電流）が流れたことになります。価電子帯の中に電子が抜けた穴ができると，隣の電子がそこに移動できるので，順次移動して，最終的には電子が動いて，電流が流れることになります。この電子が抜けた穴は，負の電荷を持つ電子が抜けた穴なので，相対的に正の電荷を持つものとみなすことができ，この孔のことを正孔（ホール）と呼んでいます。価電子帯に正孔ができると，その隣の電子が正孔の位置に移動できます。電子の移動で抜けた穴には，その隣の電子が移れます。それを繰り返すと，価電子帯に正孔ができると，そこでも電子の移動が起こり得ます。ところで，価電子帯にはたくさんの電子が存在し，数個の電子が動いても全体から見れば大した移動にはなりません。そこで見方を変えることにします。価電子帯の正孔に着目します。正孔から見れば，価電子帯は空席だらけなので，この中を移動できます。当然，電子

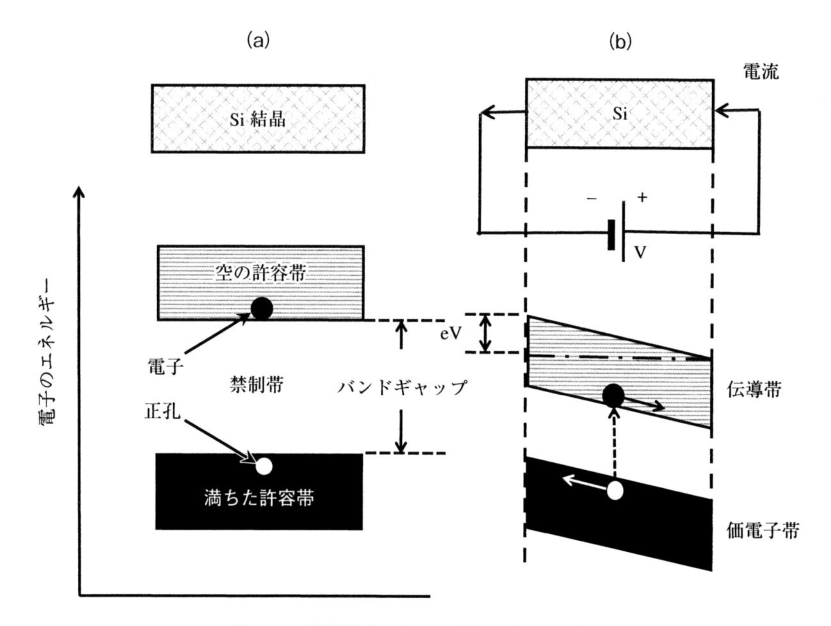

図15-4　半導体中における電子と正孔の動き

あるいは正孔は逆符号の電荷を持っているので，電子の動く方向と正孔の動く方向が逆になります。**図15-4**では，上方向に電子のエネルギーを取ってあるので，結晶に印加された電圧としては，電子の電荷が負であり，正孔は正の電荷を持っていることから，正孔のエネルギーは下方向に行くほど大きくなります。そこで，正孔の動きとしては，あたかも坂を上る方向に移動することになります。もちろん，正孔の流れも電流となります。正孔は電子の流れとは逆方向に流れることになりますが，電荷の符号を考えると電子と正孔は同じ方向の電流になります。一般に，シリコン結晶のバンドギャップエネルギーは1 eV（エレクトロンボルト：1 eV）程度なので，室温ではほとんどの電子は価電子帯におり，伝導帯に上がる電子は少ないことになります。したがって，シリコン結晶に電圧を印加したとしても，ほとんど電流は流れません。

次に，原子の立体的な配置と電子の関係を見ていきましょう。シリコンは地球上で最も硬いとされているダイヤモンドと同じ原子配置をしています。ダイヤモンドは炭素原子Cが，立方体の中心と1つおきの4隅に存在しています。炭素原子（C）をシリコン原子（Si）で置き換えたものが，シリコン結晶です。どのSi原子を見ても，周辺の等位置に4個のSi原子が存在しています。この結合の様子を描いたのが**図15-5 (a)** で，それを平面的に描いたのが**図15-5 (b)** です。1個の$3s$+$3p$混成準位には4個の電子が存在し，4個の座席が空席になっています。この4個の電子が周辺の4個のSi原子と化学結合しているのです。

例えば，1と2のSi原子は，1に属する電子1と原子2に属する電子2を共有しています。原子同士の結合には1対2個の電子が必要なので，互いの原子の電子を共有することによって，原子同士の結合が完結するのです。このような結合が，周辺の4個の原子で成立しているのがシリコン結晶です。3と4の原子に注目しましょう。原子3と4がAとCの電子を共有して結合しています。結合に関与する電子のエネルギー値は，価電子帯の中の準位の値を持っています。そこに，外部からエネルギーが入ってきて，電子Cを結合からはじき出したとします。このとき，この電子Cは伝導帯に上がり，自由になるのです。ここでできた電子の抜け穴が正孔Bです。シリコン結晶には，

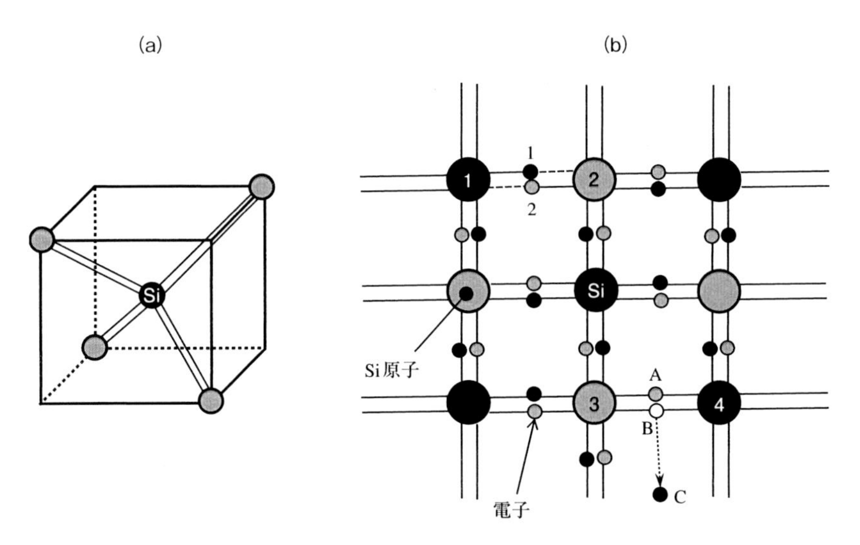

図15-5　シリコン結晶の原子配置

シリコン原子しか含まれておらず真性半導体と呼ばれています。

Si原子の1個を，**図15-6 (a)** に描いているようにP（リン）原子で置き換えたとしましょう。P原子は周期表のV属に属する元素で，結合に関与できる5個の電子を持っています。P原子が隣接するSi原子と結合するには，4個の電子しか必要ありません。その結果，結合には関与しない1個の電子が余ることになります。この1個の電子は結合に関与しないので，エネルギー

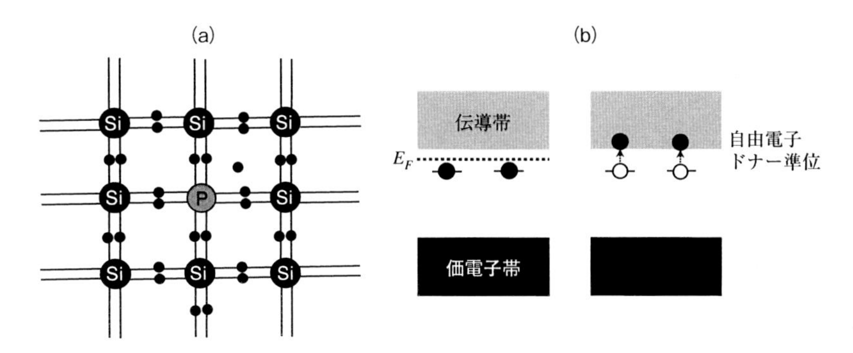

図15-6　n型半導体

値から言えば，価電子帯にはなくバンドギャップ内に存在することになります。このときのエネルギー準位を描いたのが**図15-6 (b)** です。伝導帯の中に，電子が存在しているので，以前よりは電流は流れやすくなっています。P原子のこの余分な電子のエネルギーは，シリコン結晶の伝導帯の底近くの値を持っています。余分な1個の電子が伝導帯に上がり，残ったP原子は正にイオン化しています（**図15-6**では，抜け穴が描いてあり，電荷が正であることを示しています）。この場合の電流は電子なので，n（負：negative）型半導体と呼ばれています。ここで，電子を与える原子という意味でP原子をドナーと呼んでいます。

図15-7 (a) は，Si原子の位置にIII属元素であるB（ホウ素）原子が存在する場合を描いています。III族原子は結合に関与できる3個の電子を持っています。したがって，近隣のSi原子との結合に必要な電子が1個不足します。このB原子は，シリコン結晶の価電子帯から1個の電子をもらうことによって，結合を完結することができます。その結果，電子の抜け穴である正孔が，価電子帯の中にできます。このときのエネルギー準位を描いたのが**図15-7 (b)** です。価電子帯の中に，正孔が存在しているので，この場合も以前よりは電流が流れやすくなっています。

B原子はシリコン結晶の価電子帯の頂上近くの値を持っています。このB原子は電子を受け取って負に帯電することになります。この場合の電流の流れが正孔から来ているので，p（正：positive）型半導体と呼ばれています。

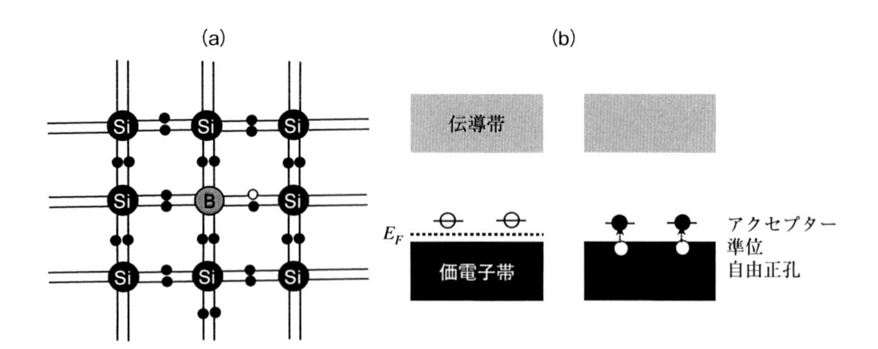

図15-7　p型半導体

ここで，電子を受け取る原子をという意味でB原子はアクセプターと呼ばれています。これらの半導体は，Si原子以外の原子が不純物として入ることで電流が流れるので不純物半導体と呼ばれています。ところが，シリコンは光を出さない半導体の代表選手なのです。光を出すためには一工夫が必要なのです。

第16章 半導体レーザーの基礎

半導体結晶と光の関係について考えてみましょう。価電子帯と伝導帯のエネルギー差，すなわちバンドギャップに等しいエネルギーE_gを持つ光が結晶に入ってくると，**図16-1 (a)** のように，結晶が光エネルギーを吸収し，結晶内部で価電子帯の電子が伝導帯に上がります。当然，価電子帯には正孔がつくられます。**図16-1 (b)** のように，伝導帯に電子そして価電子帯に正孔がある場合，電子がエネルギーを放出して価電子帯に落ちます。このとき，バンドギャップの等しいエネルギーの光を（自然）放出します。

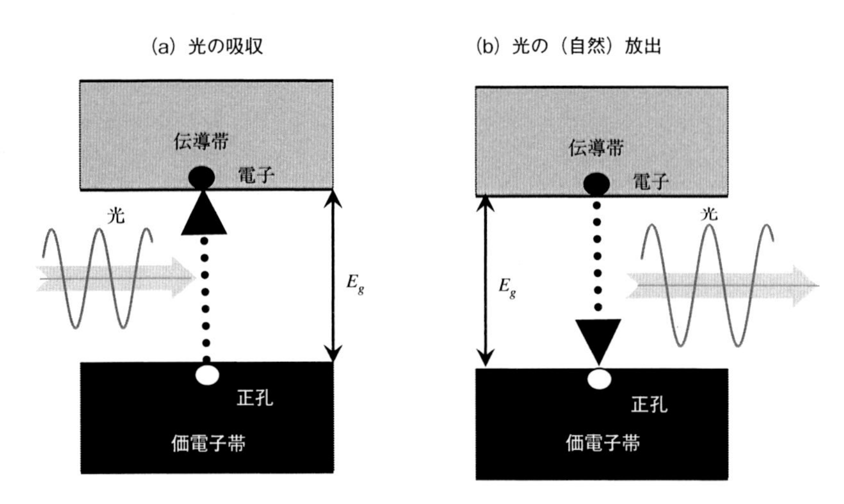

図16-1　半導体による光の吸収と発光

伝導帯に電子そして価電子帯に正孔が存在して，そこにバンドギャップエネルギーに等しいエネルギーを持つ光が入ってくると，誘導放出によって，光が増幅されます。**図16-2**にその様子を描いています。いずれの場合も，吸収・発光・誘導放出される光の波長は，結晶のバンドギャップエネルギー

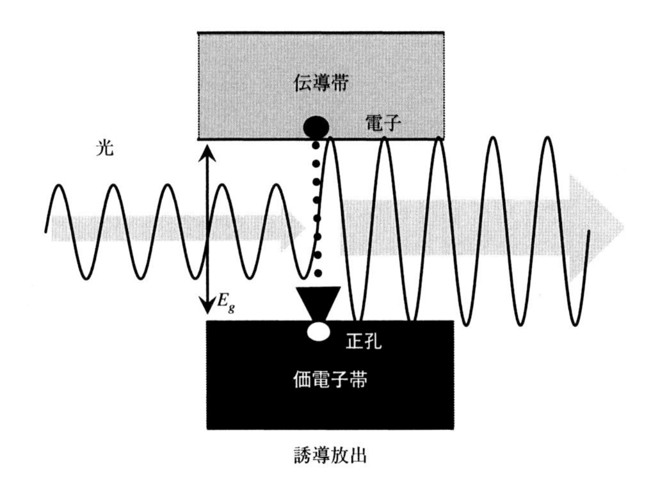

図16-2　半導体における誘導放出

によって決まります。このときの光の波長は，バンドギャップエネルギーをE_g（eV）とすると，波長λ(nm)＝1240/E_g（eV）で計算できます。光の放出の場合，伝導帯の電子が価電子帯に落ちる際に，そこに空席が無ければならず，したがって，伝導帯の電子と価電子帯の正孔が元あった状態に戻ることになります。その意味で電子と正孔の再結合によって発光するのです。

ここで，不純物半導体を思い返してみましょう。**図16-3 (a)** にあるn型半導体では，伝導帯に電子がたくさん存在します。p型半導体では，価電子帯に正孔がたくさん存在します。これらの電子と正孔を再結合させることができれば，有効な発光素子ができそうです。でも，電子と正孔は別々の場所に存在します。

では，2種類の半導体中の電子と正孔を同じ場所に持ってくる手段について考えてみましょう。原子の並び方まで揃えてくっつけることができたとすると，2つの結晶のフェルミエネルギーが一致するまで，**図16-3 (b)** のように両者のエネルギーが変化します。でも，このままでは電子も正孔も移動しません。

この結晶に**図16-4**のように電圧を加えると，n型はエネルギーが大きくなるように変化し，p型はエネルギーが小さくなるように変化します。境界は，

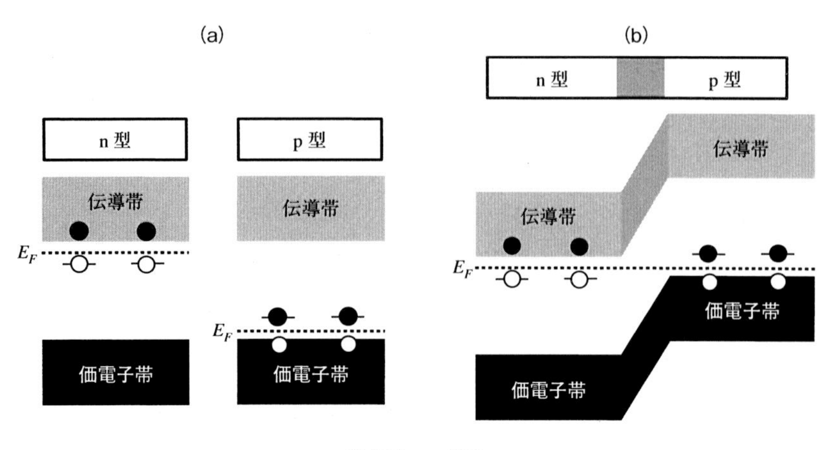

図16-3　pn接合

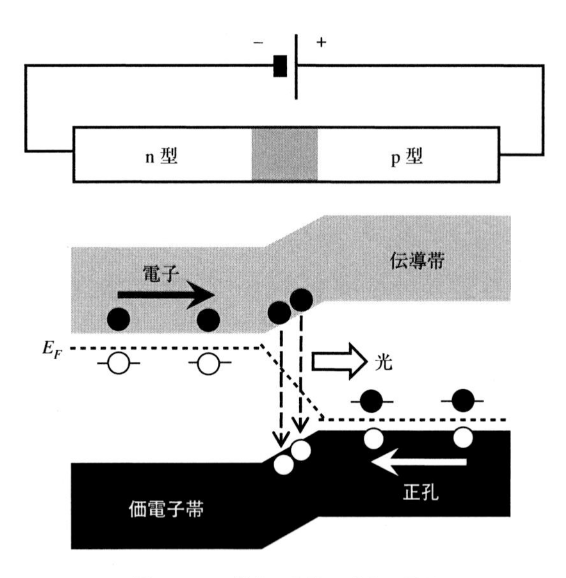

図16-4　pn接合における発光の原理

面ですっぱりと切ったようにはいかず，**図16-4**のように多少の幅を持った境界層ができます。この境界層に，n型側からは電子が流れてきて，p型側からは正孔が流れてくるのです。これで，境界にできた接合層と言う同一の

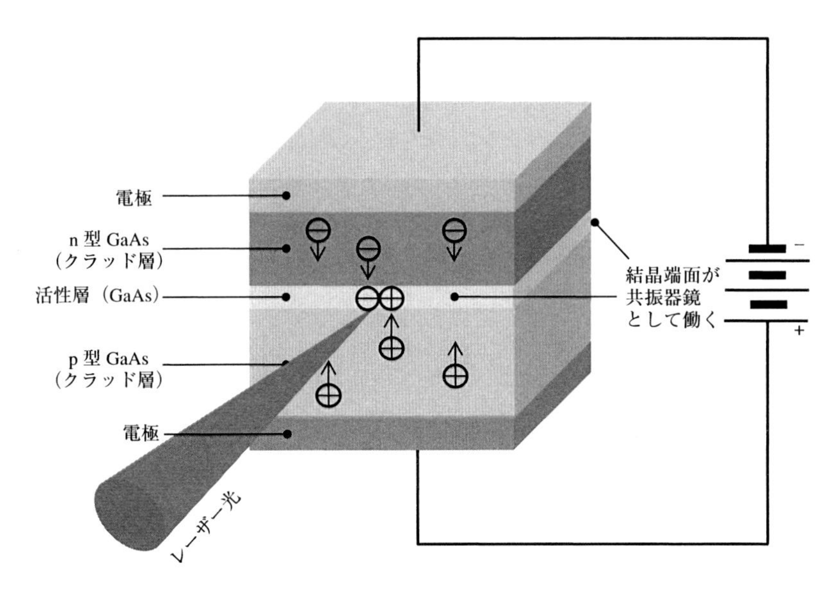

図16-5　半導体レーザーの構造

場所に電子と正孔を持ってくることができました。同じ場所に存在する電子と正孔は再結合して，光を放出します。このような構造をpn接合と言います。

pn接合は，p型半導体結晶とn型半導体結晶を持ってきて，くっつけたのでは，原子の並びが連続しない境界層が残り，電子や正孔がこの境界層を通過することはできません。境界層で原子の並びが連続する構造を作り，電子や正孔も移動できるようにしなければなりません。このためには，原子が規則正しく並ぶように原子層を順次，積み重ねることで，このような構造を作ることができます。実際の半導体レーザーの構造を**図16-5**に示しています。外部から電流を流し，図の上と下のクラッド層（n型半導体とp型半導体）から電子と正孔を注入し，pn接合層すなわち活性層で再結合させることによって発光させます。

では，実際の半導体レーザーの作り方を見てみましょう。通常は，**図16-6**のように，基板と呼ばれる結晶を持ってきて，その上に数μmの厚さの結晶を積み重ねていく，いわゆるエピタキシャル成長法が採用されます。その方法には2種類あり，分子を蒸発させて，原子を順次積み重ねる分子線エピタ

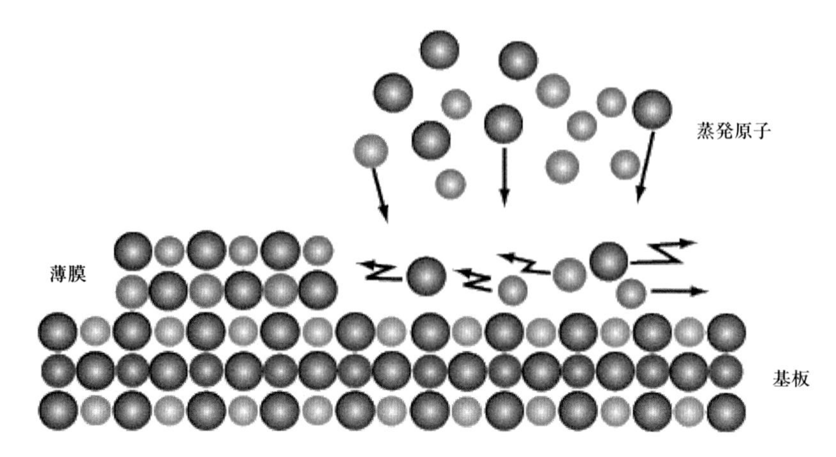

図16-6　エピタキシャル成長

キシャル成長法（MBE）と有機金属を熱で分解し，望みの組成の結晶を堆積させる有機金属気相成長法（MOCVD）があります。その際，できるだけ完全な結晶薄膜を作るためには，堆積させる薄膜の原子配列（原子の間隔と並び方）に近い基板結晶が必要になります。

基板結晶と薄膜の原子間隔が大きく異なると，薄膜中に欠陥（原子の並び方の不規則性）や不純物が入りやすくなり，その結果，**図16-7**のように，バンドギャップ内にエネルギー準位を作る場合があります。このような構造は，価電子帯と伝導体の間の発光を利用しようとする場合，本来の発光以外の余分な過程が生じる結果，発光効率が下がることになります。

これまでは，シリコンを例に挙げて話しを進めてきました。ところが，シリコンは発光効率が極めて低く，発光デバイスには適していないのです。シリコンでも電子と正孔の再結合が起こりますが，その時に光ではなく熱としてエネルギーを放出します。発光デバイスとしては，GaAs（ガリウムヒ素：E_g=1.43 eV），InP（インジウムリン：E_g=1.35 eV）などの化合物半導体が使われます。周期表のIII族とV族原子の組み合わせでできているので，III-V半導体とも呼ばれています。

このような化合物半導体の特徴は，2種類以上の化合物を混ぜて，その比を調整することによって，バンドギャップエネルギーを変えることが可能な

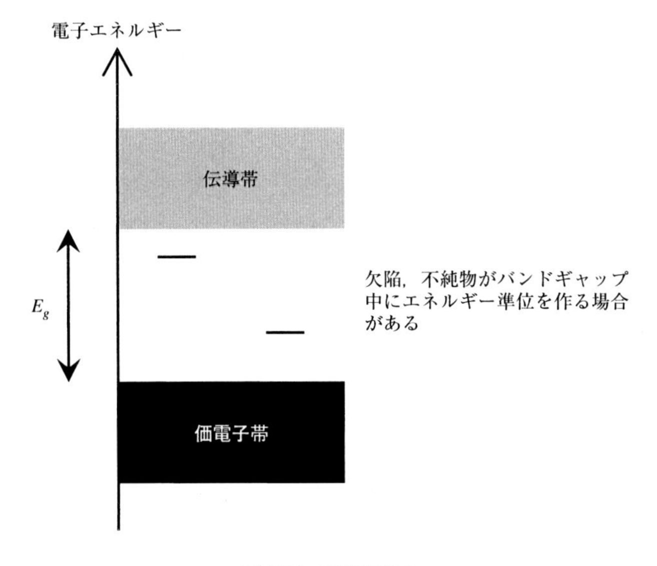

図16-7　不純物準位

ことです。原子比（組成比）を変えることで，発光波長を変えることも可能なのです。例えば，GaAsのGa原子の一部をAl原子で置き換えることで，1.43～2.16 eVの範囲でバンドギャップエネルギーを変えることができます。実際の組成は，$Al_xGa_{1-x}As$（x=0～1）と表記します。

図16-5の半導体レーザーの例では，すべてGaAsでできていました。このような構造では，pn接合層すなわち活性層で発光した光が，隣接するクラッド層（n型GaAs層とp型GaAs層）に吸収されてしまい，発光効率が落ちてしまいます。活性層で発光した光を，効率よく結晶外に取り出すためには，活性層両端の電子と正孔の供給源であるクラッド層のバンドギャップが発光部（活性層）より大きなものを選ばなければなりません。ここで役に立つのが，化合物半導体の原子置換によるバンドギャップエネルギーの制御です。クラッド層をp型とn型のAlGaAs半導体でつくり，その間に活性層としてのp型GaAs半導体を挟み込んだ構造を作ります。AlGaAsのバンドギャップエネルギーは2 eV，p型GaAsのそれは1.4 eVです。両端のクラッド層の電子と正孔を両方から活性層に移動させます。活性層に電子と正孔が集まってき

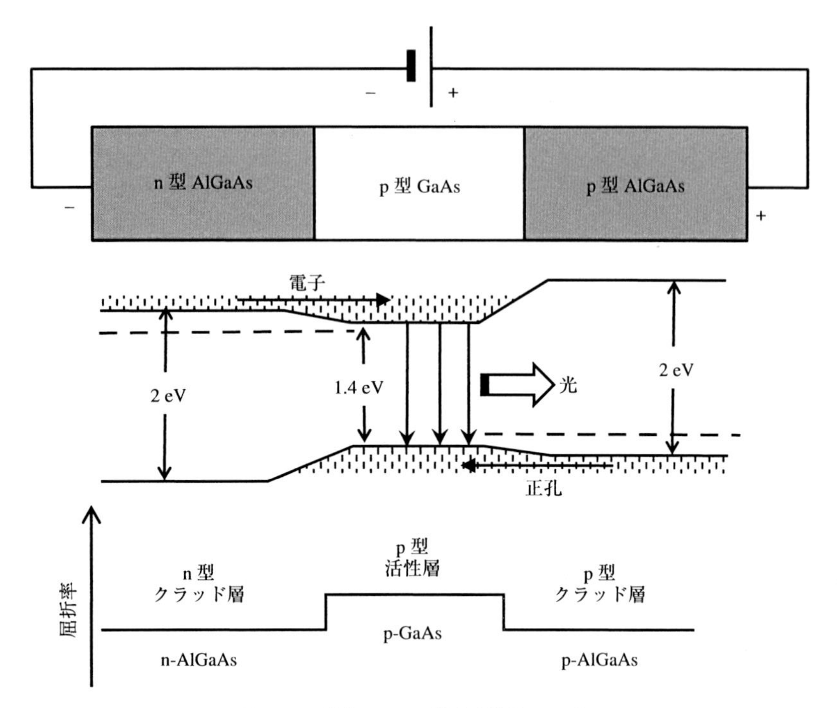

図16-8　ダブルヘテロ構造半導体レーザー

て，再結合すると，1.4 eVに相当する890 nmの赤外光を出します。この波長の光は，クラッド層で吸収されることなく，結晶外に効率よく出てきます。さらに，活性層の屈折率が，クラッド層より高いので，光は活性層に閉じ込められることになります。

すべてをGaAsで作った**図16-5**のようなものをホモ構造と言います。一方，活性層GaAsがそれとは異なるクラッド層AlGaAsに接しているものをヘテロ接合と呼んでいます。活性層の両端がヘテロ接合になっているので，**図16-8**をダブルヘテロ構造と呼んでいます。この構造を作ることができるようになってから，半導体レーザーの効率は格段に進歩を遂げました。

第17章 いろいろな半導体レーザー

代表的な半導体レーザーについて詳しく見てみましょう。実用的な半導体レーザーには，**表17-1**に示している周期表のIII族元素のアルミニウム（Al），ガリウム（Ga），インジウム（In）とV族元素の窒素（N），リン（P），ヒ素（As）の中から2種類以上の元素を組み合わせた化合物半導体が使われます。例えば，GaAs，AlGaAsやInGaAsPと言ったものです。III族元素を合計したものが1になり，V族元素を合計したものが1になるようにします。組成比を正確に書くと，$Al_xGa_{1-x}As$，$In_xGa_{1-x}As_yP_{1-y}$となります。xとyは0～1の間の数字です。周期表の上にある元素，軽い元素が多く含まれるほど，バンドギャップが大きくなるので，発振波長は短くなります。逆に，下の重い元素を混ぜると，発振波長は長くなります。

半導体レーザーは，元素の組み合わせで発振波長を自由に選ぶことができるので，用途に応じた発達をしてきました。とは言え，どのような組み合わせでもレーザーになるのではなく，良質の結晶性薄膜ができることが，そもそもの条件です。また，結晶性薄膜ができたとしても，レーザー発振に至るには道険しです。

中心になる材料はInP（E_g=1.35 eV，λ=918 nm），GaAs（1.424 eV，870 nm），GaN（3.4 eV, 365 nm）です。光通信のためには，石英ガラスファイバー

III族	V族
ホウ素（B）	窒素（N）
アルミ（Al）	リン（P）
ガリウム（Ga）	ヒ素（As）
インジウム（In）	アンチモン（Sb）

表17-1　化合物半導体を作っている原子

の透過率が高い1.3 μmと1.55 μm用に，InPを中心にしてPより重いAsを混ぜ，さらにInより重いGaをちょっと加えてInGaAsPを作りました。このInGaAsPグループでは4つの元素の比を正確に制御しなければなりません。一種類増えるだけですが，その技術は格段に難しくなります。元素の比が変わると，当然発振波長が変化することになります。通信などの応用にはできるだけ発振波長幅の狭いレーザーが望ましいので，元素の比を正確に制御する必要があるのです。1 μm付近の大出力用には，GaAsを中心にしてGaより軽いAlを混ぜて短波長側，すなわち870 nmから600 nmにわたって発振するGaAlAs，Gaより重い元素であるInを混ぜたInGaAsは0.9～1.5 μmの波長域で発振します。この800 nm付近の光はネオジウムの吸収帯と一致するので，ネオジウム固体レーザー（Nd:YAGやNd:YLF）の励起に使われています。また，医療用にも注目されているレーザーです。後者の1 μm光は，ファイバーレーザーのポンピング用です。

紫外から青，緑には，GaNを中心にAlを混ぜて短波長側に，Inを混ぜて長波長側に伸ばしていきました。AlNは，6.3 eVと最も大きなバンドギャップを持っており，半導体というより絶縁体です。LED発光は210 nmで確認されていますが，レーザー発振は達成されていません。レーザー発振の最短波長はAlGaNで336 nmが得られています。良質の薄膜ができないことと，たとえ実現できたとしてもp型とn型を作ることができなければ，pn接合ができないので，効率の良い発光体とはなりません。また，特殊な用途のガスセンサーに向け，2 μm～4 μm帯のInGaSbAsも開発されています。

結晶を上手に割ると，平らな原子面が現れます。原子の単位で切断（劈開と言う）するので，両端の面が原子単位で平行になります。これを半導体レーザーの共振器鏡として使います。平面鏡でできた共振器で，ファブリー・ペロー共振器と呼ばれています。共振器長は3 mm程度と短いので，隣り合う縦モード間隔は0.34 nmと狭くなり，通常は100本程度の縦モードが同時に発振しています。

単一縦モード動作を安定に実現するためにレーザー構造を工夫する手法として，縦モード制御があります。そのためには，従来のファブリー・ペロー共振器ではなく，特定の縦モードに対してのみ損失の少ない構造を持つ共振

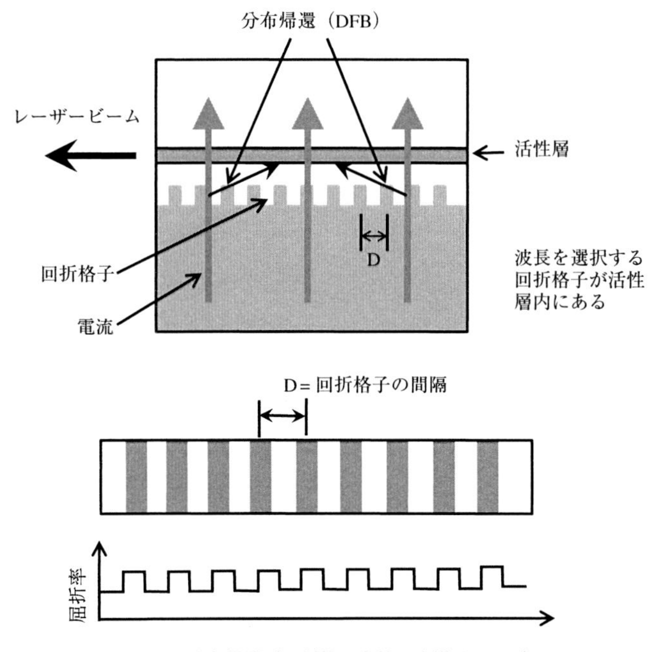

図17-1　分布帰還型回折格子を持つ半導体レーザー

器を作ればよいことになります。その代表的な例としては，活性層付近に**図17-1**の下にあるような回折格子を作る方法があります。回折格子とは，ファイバーレーザーのところでもお話ししたように，特定の波長の光だけを優先的に反射させるものです。

その作り方は2種類あります。**図17-1**は，活性層の上ないし下に回折格子を作る形のもので，分布帰還型（DFB：Distributed FeedBack）と呼ばれています。もう一つは**図17-2**に描いているように，回折格子を活性層の両側ないしは片側に作る構造です。分布反射型（DBR：Distributed Bragg Reflector）と呼ばれています。

これまでお話ししてきた半導体レーザーは，**図16-5**で見られるように端面発光型ですが，もう一種類，**図17-3**に描いてあるような面発光レーザーがあります。**図17-4**に描いているように，活性層を挟み込むように共振器ミラーを持つ構造を取るのが普通です。レーザー発振が垂直方向に生じるこ

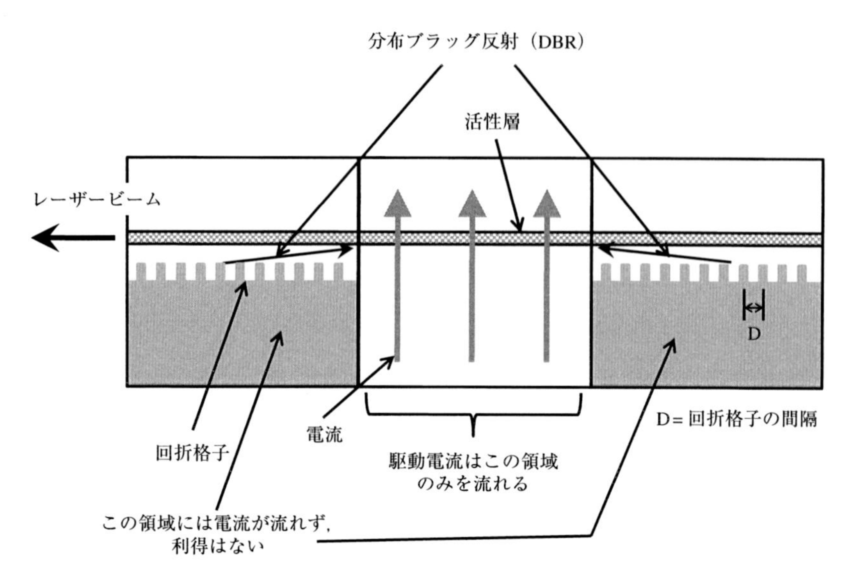

図17-2　分布反射型回折格子を持つ半導体レーザー

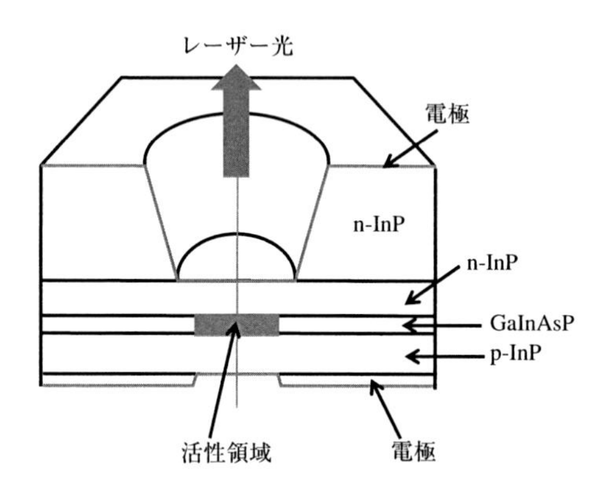

図17-3　面発光半導体レーザー

とから，垂直共振器レーザー（VCSEL：Vertical Cavity Surface Emitting Laser）とも呼ばれています。

レーザービームはウエハーの表面から出てきます。光は非常に薄い活性層の厚さ方向に伝搬するので，光が増幅される長さは非常に短く，その結果レー

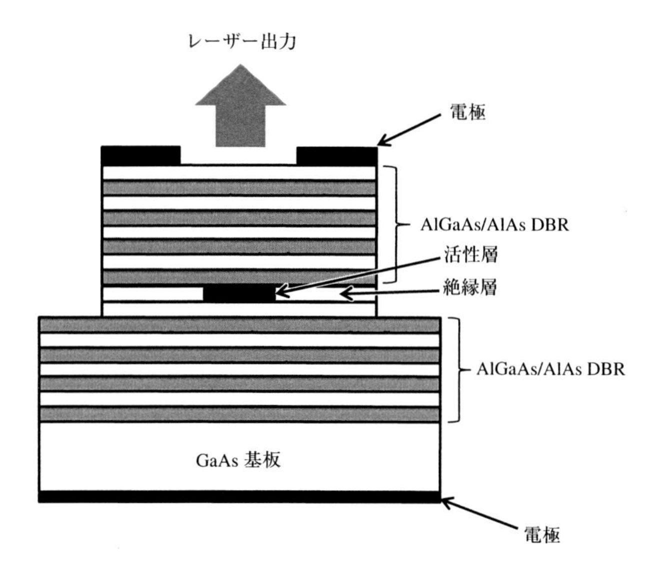

図17-4　垂直共振器型面発光半導体レーザー

ザー利得は低くなってしまいます。したがって，十分なレーザー発振を得るためには，高い反射率を持つミラーを作らなければなりません。ウエハーの上表面と下表面に反射層を堆積させるか，場合によっては反射構造を持つ半導体の多層構造を作ることになります。この面発光レーザーは，基板ウエハーチップの上で非常に小さな面積しか持っていない，同じ構造を持つ面発光レーザーを高い密度で作ることができるのが特徴です。

例えば，GaAs基板結晶の上に，一辺が数μmの面積の面発光レーザーを1 cm^2の中に2百万個以上も作られています。一個のレーザーが小さいことは，レーザー発振のしきい値が低いことを意味しています。レーザー発振が生じる最も低い電流値は1 mAが報告されています。多数のレーザーを同じ半導体チップの上に作りますが，同じ性質のレーザーを作って高出力の高コヒーレンス光を作ることもできますし，各レーザーを異なる波長で発振させ，しかも各レーザーを独立に変調するようなアレイ構造も可能です。今後，ますます注目を集めそうな半導体レーザーと言えるでしょう。

ダブルヘテロ構造において，真ん中の活性層をどんどん薄くしていって，数十nm以下になると，活性層内に閉じ込められた電子がとびとびのエネルギー値しか取れなくなります。原子の中に閉じ込められた電子と同じです。このような構造を量子井戸と呼びます。井戸のような狭く深い穴に落ちた電子です。広い結晶の中にいる電子は，バンドギャップを隔てられた価電子帯と伝導帯に存在できますが，伝導帯内ではその名の通り帯状のほとんど連続的なエネルギーを持つことができます。これに対して量子井戸内では伝導帯が不連続な準位（サブバンドと言います）に分かれています。

図17-5は，AlGaAs層の間にGaAs量子井戸がある場合のエネルギーの図です。活性層内の伝導帯は，とびとびのエネルギーを持つサブバンドに分かれています。価電子帯の正孔のエネルギーも同様にとびとびになります。発

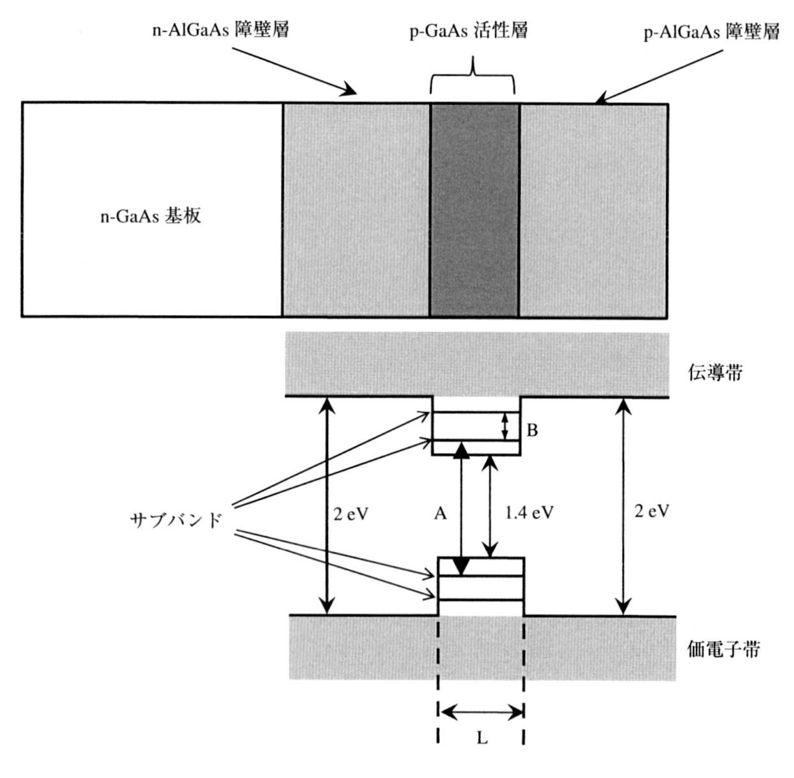

図17-5　量子井戸レーザー

光はたいていの場合，伝導帯の一番下のサブバンドの電子と価電子帯の一番上のサブバンドの正孔が結合して起きます（**図17-5**のA)。このサブバンドのエネルギーは量子井戸の幅（厚み）で変化するので，発光波長もある程度変化させることができます。このサブバンドに入れる電子の数は普通の伝導帯に比べると少ないので，少ない電流ですぐいっぱいになり，誘導放出が起きやすい状態になると考えられます。このため発振に必要な最低電流密度が非常に小さいレーザーができることになります。このような構造は，主に光通信に利用されています。

伝導帯内のサブバンド間においても遷移Bが起こります。この場合は，3～10 μmの赤外光が得られます。この波長域は，多くの分子がこの波長域に吸収線を持っているので，高感度ガスセンシングに利用されています。量子井戸が一つだけの場合もありますが，複数の量子井戸を重ねることもできます。複数の量子井戸層の間に薄い障壁層を挟み多重にした量子井戸を多重量子井戸（MQW：Multi quantum well）と言います。この多重量子井戸を使った半導体レーザーを略してMQWレーザーと言うこともあります。量子井戸を多重にすることで1つの素子内で発光する層が増えることになるので，発光強度の強いレーザーが実現できます。

第18章 レーザー光を操る ―偏光

第2章でお話ししたように，光は電磁波なので，電場と磁場が空間を伝わっていきます。物質にあたったときに影響するのは磁場に比べると，電場の方がはるかに大きいので，普通は電場だけに注目することが多いのです。電場の振動方向を偏光と言います。光が進んでいく時の，ある瞬間の電場の様子を描いたのが**図18-1**です。この例では，電場がx–z平面内で振動しています。進行方向の先にスクリーンを置いて，そこに投影された電場を見ると，**図18-1**のように垂直方向に直線的に変化しています。それ故に，これを直線偏光と言います。直線偏光には，この図と直角のy–z平面内を振動するものもあります。すなわち，互いに直交する2種類の直線偏光があります。

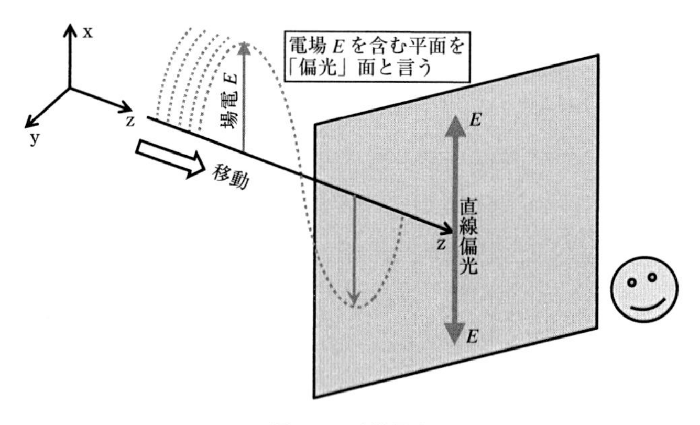

図18-1　直線偏光

また，**図18-2**のように，電場の大きさが変化せずに回転するような状態も存在します。スクリーンに投影した形が円なので，円偏光と呼んでいます。円偏光の場合，右回りと左回りの2種類があります。これらの中間状態として，投影した形が楕円になる楕円偏光が存在します。偏光とは，光の偏りの

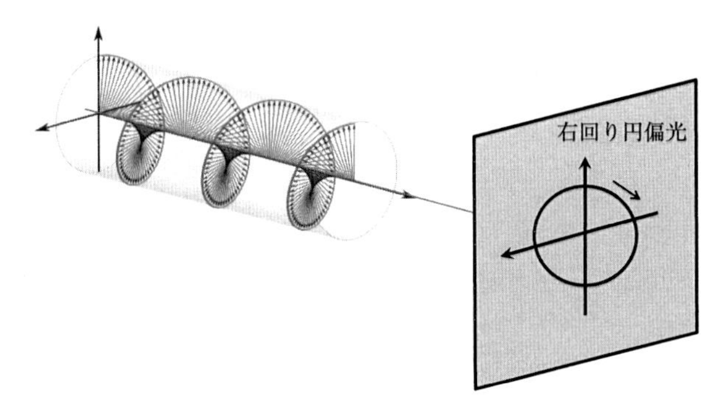

図18-2　円偏光

ことです。電球などの光は一定の偏光を持っておらず，無偏光の光です。無偏光とは，あらゆる方向の偏光の集まりと言えるでしょう。

次に，物体があるときの光の振る舞いについて考えることにします。物体としてガラスを例にとり，空気からガラスに光が入射したときのガラス表面からの反射光に着目します。入射光に対する反射光の強度の比を反射率と呼び，正確に計算することができます。紙面内には，入射光と反射光の両方が含まれています。

そこで，**図18-3**に描いているように，電場が紙面内で振動している直線偏光と，紙面に垂直な方向に振動している直線偏光について考えます。前者をp偏光，後者をs偏光と呼んでいます。ガラス表面に対して垂線を引いて，そ

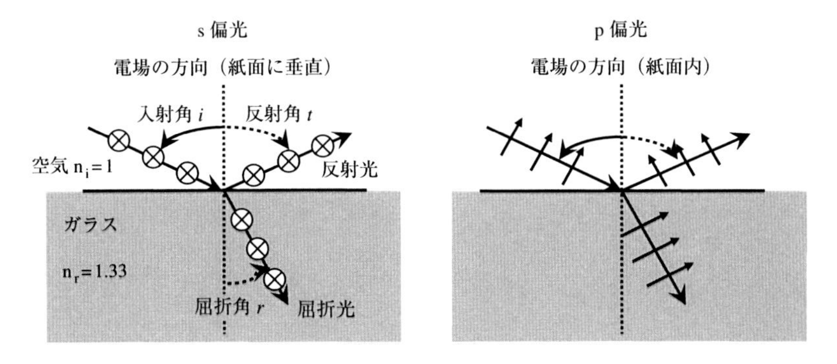

図18-3　直線偏光と反射率

こからの入射角をパラメータにして反射率を計算した結果が，**図18-4**です。垂直に入射したときの反射率は，ガラスの屈折率をnとして $(n-1)^2/(n+1)^2$ で計算でき，おおよそ4%です。入射角を大きくしていくと，両偏光に対する反射率には大きな差が出てきます。すなわち，s偏光では，角度と共に反射率が少しずつですが，高くなっていきます。さらに角度を大きくしていき，90°すなわちガラス表面に平行に近づけると，反射率は急激に高くなり，最後には100%にまでなります。一方，p偏光の場合，角度を大きくするにつれて，反射率が低くなっていき，ある角度のところで0%になります。さらに角度を大きくすると，s偏光の場合と同じように100%にまで高くなります。入射角の低い範囲における，両偏光の反射率の差が，現実社会で大きな変化をもたらしています。

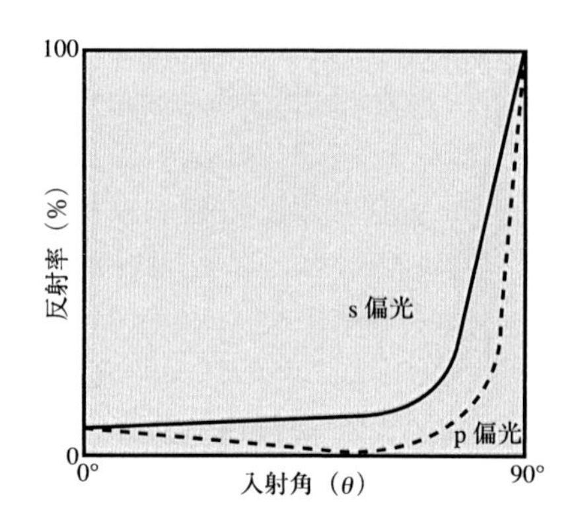

図18-4　反射率の入射角依存性

昼間，窓ガラスの反射が強くて，外からは室内の様子が見にくいことがあります。この時の反射光には，**図18-5**に描いているように垂直成分のs偏光成分が多く含まれています。水平成分のp偏光はほとんど含まれていません。そこで，水平成分のp偏光だけを通すような偏光メガネを持ってきます。プラスチックなどを一方向に引き伸ばすと，伸ばされた方向と平行な電場だけが素通りし，それと垂直に振動している電場は吸収されてしまう性質を持つようになります。窓から反射してくるs偏光をカットするように向けると，ガラスからの反射光が無くなり，そのために室内の様子がはっきり見えるようになります。前を走る自動車のリアウィンドウからの反射光が強くて，前が良く見えず，運転に支障をきたすことを経験した人も多いかと思います。この時は，水平成分をカットすることができる偏光メガネをかけることで，反射光の眩しさを避けることができ，快適に運転することができるようになります。

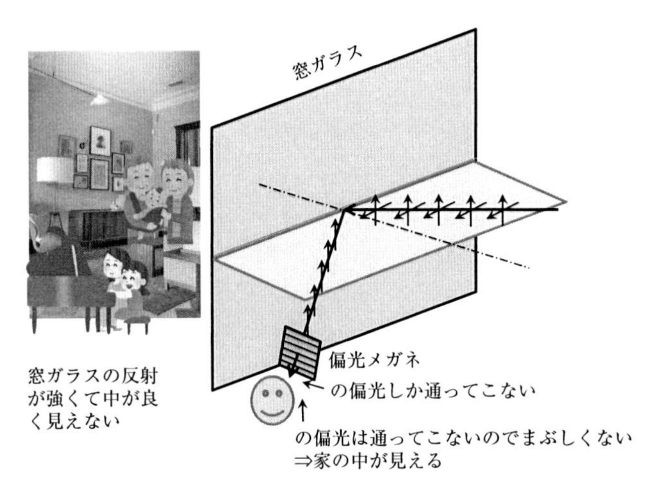

図18-5　ガラス窓による反射光の偏光状態

先ほどは，物体の表面からの反射光に着目してきました。次に，物体の中に入る光に目を向けることにします。光は，密度の高い物体を通過するとき，速度が遅くなります。空気中の光速をc_0とすると，物体の中ではcになります。当然，$c<c_0$です。そこで，光速の比$c_0/c=\mathrm{n}$をその物体の屈折率と呼ぶことにします。常に$\mathrm{n}>1$です。光の周波数は，どのような物体の中でも変化せず，空気中の周波数と同じです。光速c，周波数fそして波長λの間には，$c/f=\lambda$の関係が常に成り立っているので，物体中における波長は，空気中に比べるとλ_0/nに短くなります。この関係を図に描いたのが**図18-6**です。ここでは入射光は表面に垂直に入射していました。入射角を傾けていくと，**図18-3**に戻って，入射角iで入射した光は，角度rで物体の中に入って行きます。このrを屈折角，物体の中に入っていく光を屈折光と言いますが，rはスネルの法則と呼ばれる，$\mathrm{n_i}\cdot\sin i=\mathrm{n_r}\cdot\sin r$にしたがって決まります。

ところが，物体が結晶の場合，**図18-7**のように，屈折光が2つに分かれて見えるような場合に遭遇します。このような結晶の性質を複屈折と呼んでいます。複屈折が起きる原因は，**図18-7**のように，偏光方向によって，屈折率が異なることです。屈折率が異なるので，屈折角も異なります。偏光方向によって屈折率が異なるということは，偏光方向によって光の進む速度が異

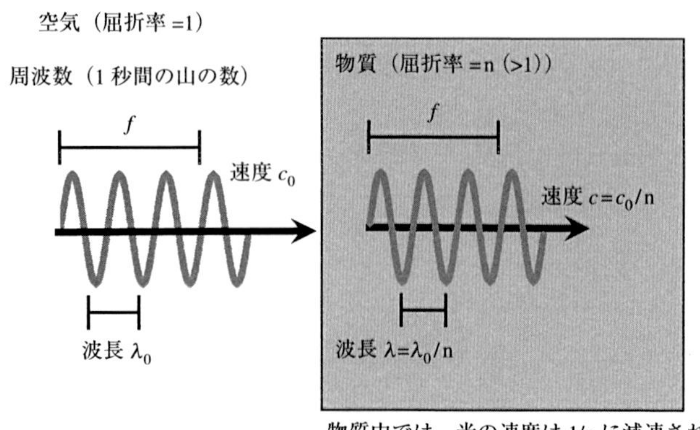

図18-6　物体に入射した光の速度，周波数，波長

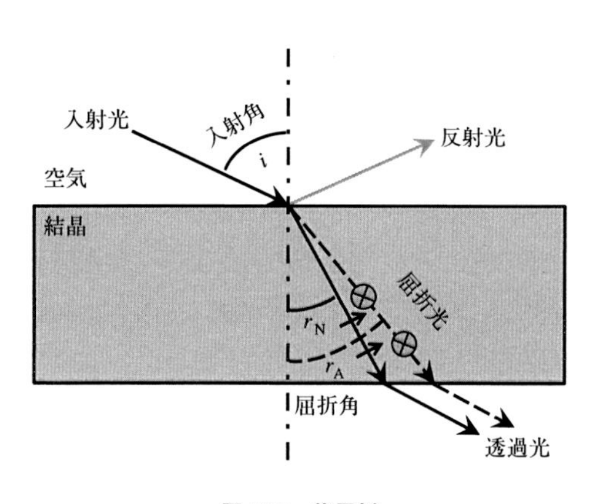

図18-7　複屈折

なることを意味しています。

図18-7の例では，点線の偏光の屈折角が大きくなっているので，この偏光に対する屈折率の方が小さい値を持っています。先ほどのスネルの法則の結果です。結晶内における速度を比べてみると，点線の光の方が，実線の光よりも早く進みます。図でも明らかなように，物体中の光路長については，点線の方が長くなっています。結果として，点線と実線の光は同時に物体から出てきます。

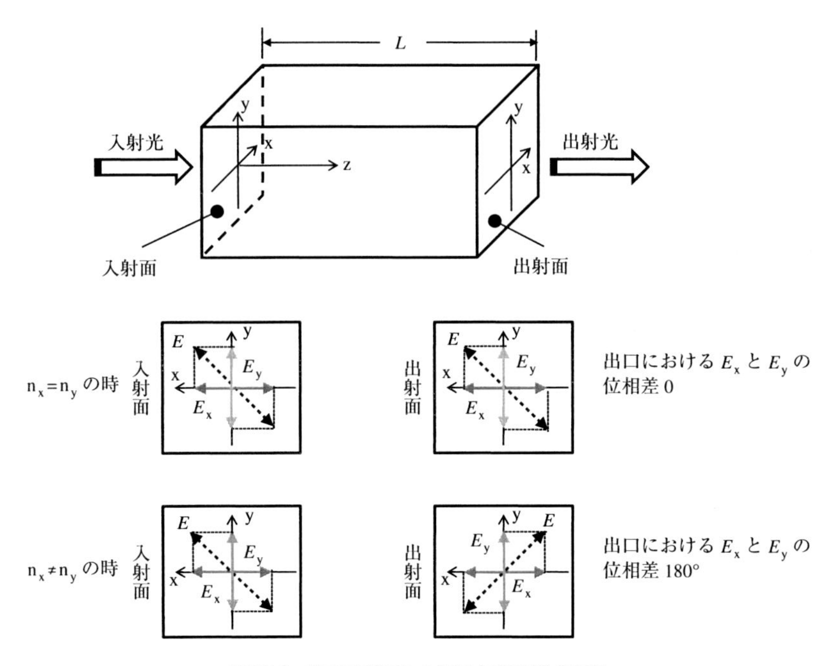

図18-8　結晶を通過した時の偏光状態の変化

次に，厚さLの結晶に**図18-8**に描いているように，点線の方向に振動している直線偏光の光が入射した場合を考えます。結晶の中では，x成分とy成分に分かれて進むとしましょう。もし，両成分に対する屈折率が同じ値を持っている場合，結晶を通過したあとの出口においても，x成分とy成分は同じ状態で出てくるので，これらを合成した光も，入射した時と同じ偏光状態です。もし，x成分とy成分に対する屈折率が異なっている場合，結晶の中を通過する間，速度が異なるので，**図18-8**下に描いているように，ちょうど半波長分だけ差があるとすると，結晶を出てから合成される光は元の直線偏光を90°回転させたものが得られます。

そこで，結晶の屈折率差と厚さを調整して，**図18-9**に描いているように，ちょうど半波長だけずれるようにした場合，結晶を通過した後では黒色の偏光と灰色の偏光の間に半波長，すなわち180°の位相差が現れます。図の例では，黒色の光が結晶の中で4波長（4λ/n黒）だけ進んでいます。

一方，灰色の光は4・1/2（λ/n灰）だけ進んでいます。n黒 <n灰です。そこで，4λ/n黒と4・1/2（λ/n灰）が同じ値となるように結晶の厚さを調整します。すなわち，結晶の出口では，黒色光と灰色光は，ちょうど1/2λだけずれるようにします。その結果，結晶を出てから黒色光と灰色光を合成すると，**図18-8**の下と同様，偏光面が90° だけ回転した直線偏光が得られます。このような結晶を半波長板と言います。直線偏光を90° 回転させた直線偏光に変化させる道具に使われます。

また，**図18-10**にあるように結晶を通過した後，両偏光が1/4波長だけずれるように設計したものがあると，この結晶を通過した光の偏光は，直線偏光から円偏光に変わることになります。この場合の位相差は90° です。このような結晶を四分の一波長板と呼んでいます。直線から円偏光に変えたい場合に，便利に使える光学素子です。

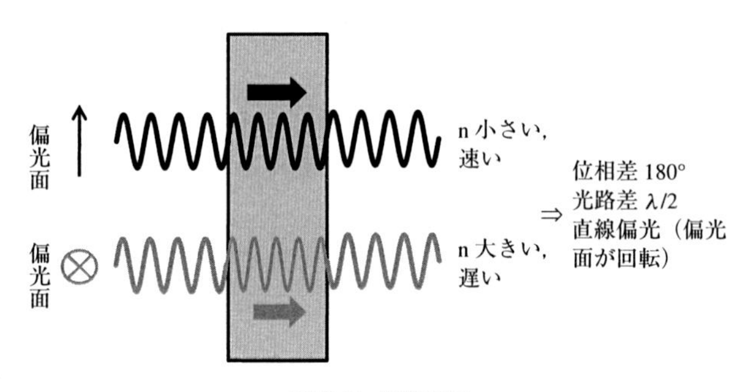

図18-9　半波長板

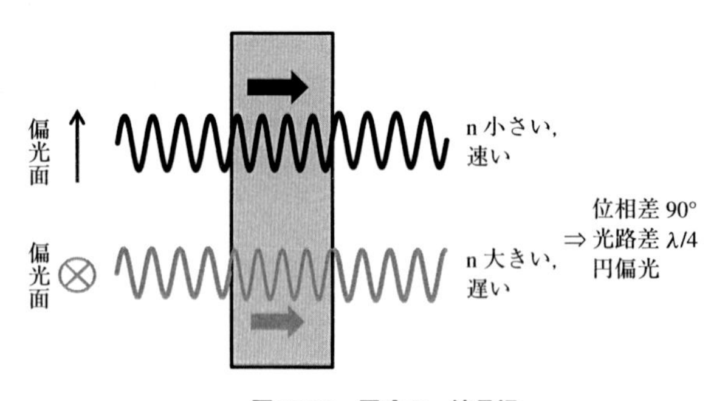

図18-10　四分の一波長板

第19章 レーザービームを繰る ─ 波長変換

レーザーは原子内の電子のエネルギー準位か，あるいは半導体のバンドギャップを利用しており，波長可変レーザーなるものがあるものの，一般には特定の波長の光しか得られません。例えば，ある特定のガスの検出にレーザーを利用しようとすると，そのガス分子が吸収できる波長のレーザー光が必要になってきます。たまたま，その波長のレーザー光が得られる場合は良いでしょうが，普通はちょうどマッチするような波長の光は存在しません。このような場合，既存のレーザー光の波長を変える技術が必要になってきます。光の波長を変えるためには，非線形光学効果が必要です。

光が結晶の中に入ると，光の電場が結晶を構成している個々の原子に力を及ぼします。この時，重い原子核は光の周波数のような高速変化には追随できませんが，電子は非常に軽いので，光の電場に追随して，**図19-1**のように

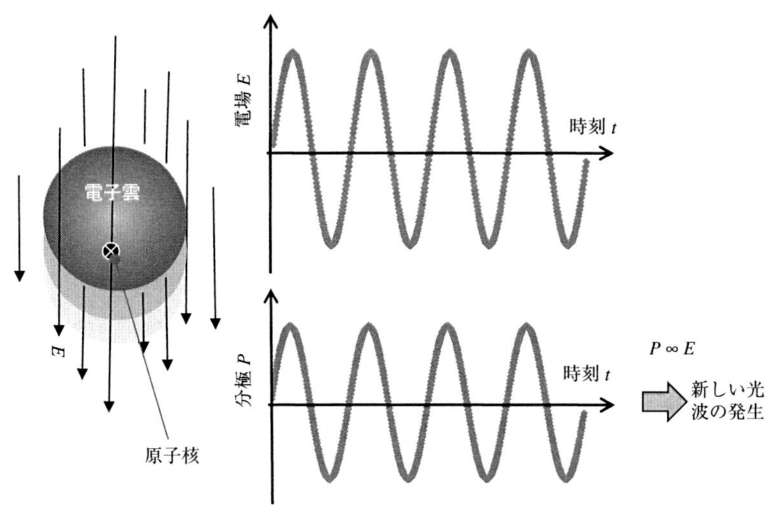

図19-1　分極波の生成

変位します。電子の電荷は負なので，電場と逆方向に力を受けて移動します。ここでは，電子を個々の粒として考えるのではなく，原子核の周りに雲のごとく存在しているものとします。

図19-1では電子は原子核を基準として上方に移動しています。当然，光が来ない時は，電子の重心位置が原子核の位置と一致しています。光の電場は1秒間に約10^{15}回振動しているので，電子も同じ周波数で振動します。**図19-1**のように，正の電荷と負の電荷が分離した状態を分極と言いますが，この分極が電場の振動に合わせて波のように振動します。分極が振動すると，それによって新たに光が発生します。入ってきた光がレーザー光の場合，結晶内の原子が順次分極していき，そこから新しい光が発生するのですが，位相が揃った新しいレーザー光となって，結晶内を伝搬し，最後には結晶から出ていきます。これが結晶中を光が透過する現象になります。

結晶が数種類の異なる原子からできている場合，着目する原子の周りの環境は，方向によって異なることがあります。このような結晶を，異方性を持つと言います。結晶の中にレーザー光が入って来て，電子を振動させるのですが，レーザー光が強い場合で，しかも結晶が異方的な場合，電子の振動が方向によっては変位に制限を受けるようになります。この様子を**図19-2**に描いています。このように変形した分極には，入射電場に比例する項に加えて，入射電場の二乗に比例する項が含まれているのです。これが二次非線形分極波です。この二乗項を分解すると，元の光の2倍の周波数を持つ光が含

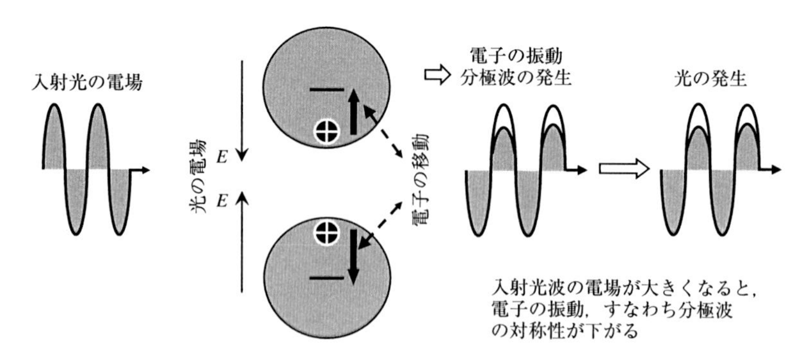

図19-2　原子に入った光による分極波

まれていることがわかります。周波数が2倍の光なので，第二高調波発生と呼んでいます。英語ではSecond Harmonic Wave Generationと書くので，その頭文字をとってSHGと呼んでいます。周波数が2倍なので，波長が半分の光です。その様子を描いたのが**図19-3**です。元の光を基本光と呼んでいます。

図19-3では，入射光電場E_1によって誘起された二次非線形分極波P_2だけを描いています。当然，E_1に比例する分極波も存在します。このP_2によって，新しく第二高調波E_2が発生します。ところで，結晶の屈折率は波長が短くなると，必ず大きくなります。すると，基本光と新しく発生したSHG光の結晶内における伝搬速度が異なることになります。当然，SHG光に対する屈折率が，基本光に対する屈折率よりも大きくなるので，SHG光の方が遅く伝搬します。例えば，**図19-3**に描いているように，点AでSHG光が発生し，さらに点B，点C，点Dでも順次発生します。これらのSHG光が足し合わさ

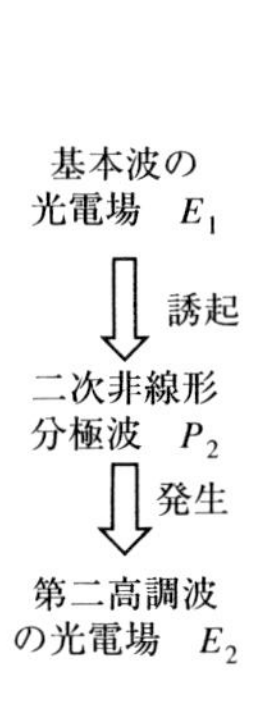

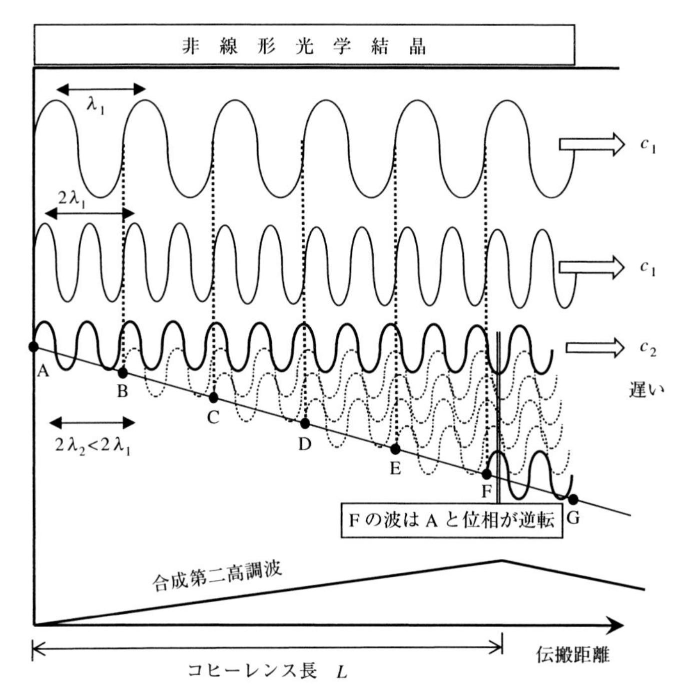

図19-3　第二高調波発生における電場と分極波の進み方

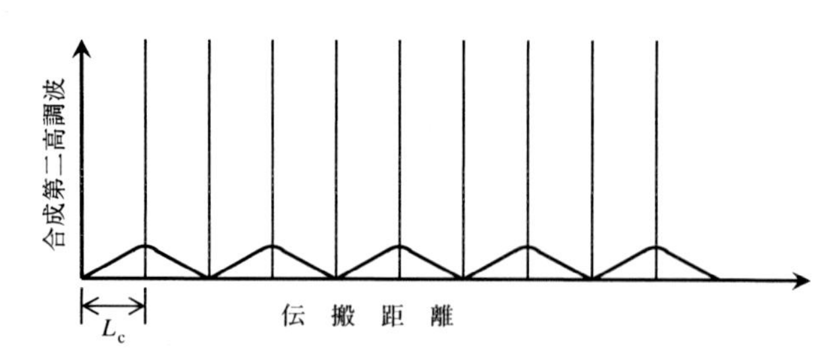

図19-4 第二高調波の大きさの変化

れて，合成SHG光が形成されるのです。つまり，B点で発生した波は，A点で派生した波とほぼ位相が揃っているので，足し合わせることで，合成波の振幅は大きくなります。さらに，C点で発生した波も同様です。D点で発生した波を見ると，それまでに発生した波の山同士がちょっとずれてきています。さらに進んで，点Fで発生した波は，A点で発生した波と位相が逆転しており，SHG光が打消しあいます。

すなわち，F点までの合成波の振幅が最大で，それ以降は減少し始めます。これ以上の位置におけるSHG光を合成しても，振幅は減少の一途をたどります。もっと進んで行くと，再び位相が揃う位置が存在するので，合成波の振幅は**図19-4**に描いているように，大きくなったり，小さくなったりを繰り返すことになります。通常はこの周期が数μmなので，大きな結晶を使っても，強いSHG光が得られません。これは，基本光とSHG光の間に位相速度が生じ，位相が揃わずにSHG光が増大しないのです。これを位相不整合と言います。この位相不整合を解消するためには，互いの位相を揃える，すなわち位相整合をさせる必要があります。

そのためには複屈折を利用する複屈折位相整合法があります。複屈折を持つ結晶は，結晶の方位と偏光方向によって，異なる屈折率を持っています。基本光とSHG光が異なる偏光方向を持っており，それぞれの光が異なる屈折率を受けるだけではなく，その波長依存性も異なる性質を示します。例えば，2つの偏光EとOに対する屈折率が，**図19-5**のように波長と共に変化するとしましょう。E偏光のSHG波長における屈折率とO偏光の基本光に対する屈折率が同じ値を持つように，結晶の角度や温度を調整することができるようになります。その結果，両方の光に対する位相速度が一致し，位相整合を取ることができるのです。**図19-5**下には，Nd:YAGレーザーから得られる1064 nm基本光と，そのSHG光（波長532 nm）の屈折率を一致させる例を描いています。複屈折位相整合は，結晶の複屈折特性に大きく依存するので，波長変換に利用できるレーザーの波長と活用できる非線形光学特性が限定されます。また，複屈折結晶の異方性によって，**図19-5**上のように結晶内を伝搬するにつれて，基本光とSHG光の進行方向にずれが生じる場合もあり，

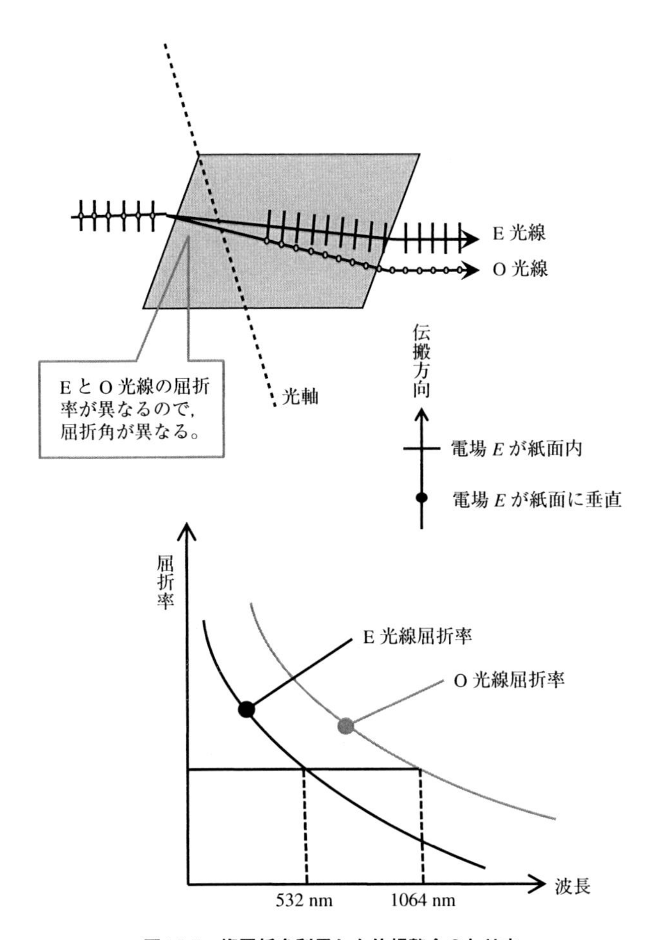

図19-5　複屈折を利用した位相整合のとり方

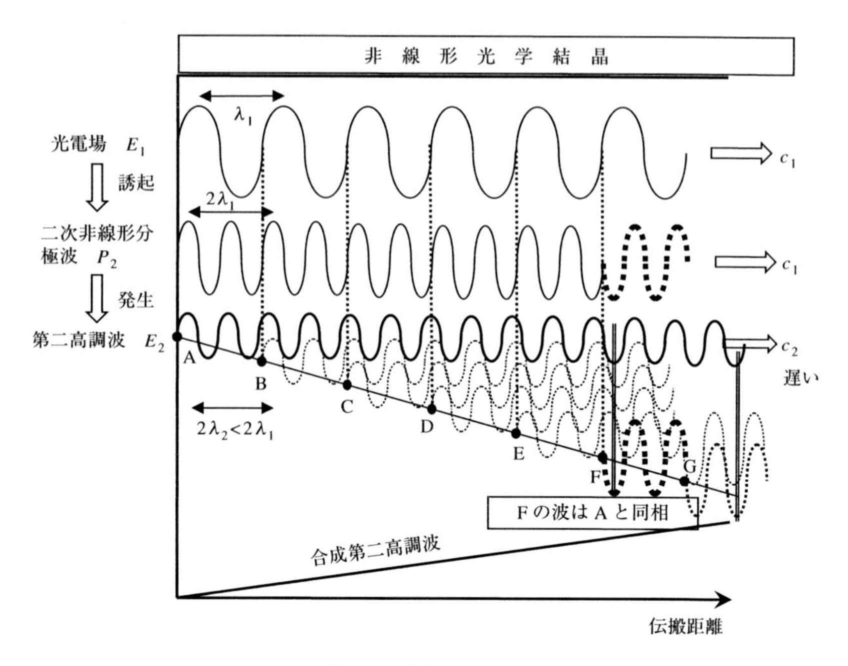

図19-6　疑似位相整合

利用できる結晶長さに制限がかかる場合もあります。

そこで登場するのが，疑似位相整合法と呼ばれる方法です。英語でQuasi Phase Matchingと言うので，略してQPM法と呼ぶこともあります。**図19-3**で，点Fで発生したSHG光の位相が，点Aで発生したSHG光の位相と逆転するため，その点以降のSHG光が重ね合わせられる結果，強度が増大せず，むしろ減少していきます。そこで，点Fからの結晶の原子配置を，点Fまでの原子配置と逆転させた構造を作ると，その結果，点Fで発生するSHG光の位相を逆転させることになります。すると，点Fで発生したSHG光の位相が反転し，それ以前の位置で発生したSHG光と重ね合わせると，SHG合成光が点F以降も増大することになります。すなわち，**図19-6**の例では，点Aから点Fに至る距離毎に，位相が反転するような周期的な構造を作ることによって，結晶の中を伝搬するにつれて，順調に増大するSHG合成光が得られることになります。この様子を描いたのが**図19-7**です。これは疑似的に

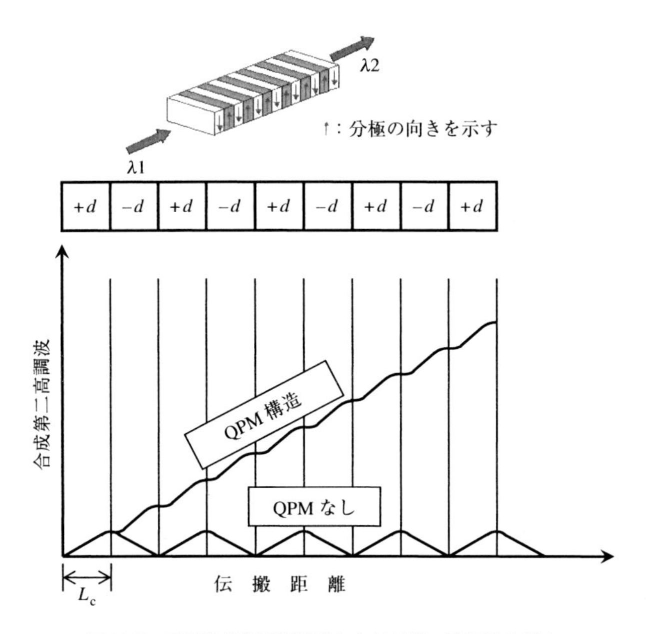

図19-7　周期的分極反転構造における第二高調波の増大

位相整合を満足させているので，疑似位相整合法と呼ばれているのです。

結晶の原子配置を反転させるには，高電圧を印加するか電子ビームを照射するなどで達成できます。このアイデア自体は古くからあったのですが，数μmの周期構造を作る技術が無かったために実現されなかったのです。このような構造を周期的分極反転（Periodically Poled）構造と言います。このQPM素子は分極反転構造を形成する結晶方位を選ぶことによって，複屈折法では実現できなかった方位の高い非線形性を利用できるようになり，いろいろな波長に対応した高効率の波長変換が実現できるようになりました。緑色のレーザーポインターが普通に使われるようになったのもこれによります。ネオジウムレーザーの前にこのQPM素子を置いて，緑色に波長変換しています。緑色の半導体レーザーが実現すれば，それに代わるのでしょうが，緑色半導体レーザーは未だ研究段階にあります。

今までは，1つの光を非線形光学結晶に入射しました。次に，2つの異なる周波数を持つ光を入射させた場合について考えましょう。**図19-8**のよう

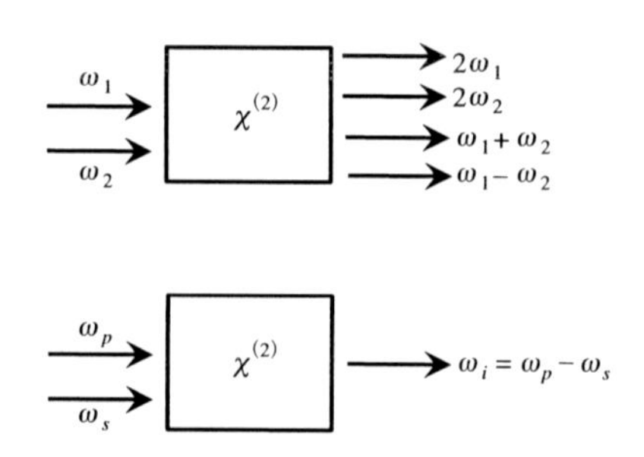

図19-8　非線形結晶（$\chi^{(2)}$）を利用した波長変換

に，ω_1とω_2の角周波数を持つ光が入ってきたら，入射電場の2乗に比例する項から，$2\omega_1$，$2\omega_2$の第二高調波以外に，$\omega_1+\omega_2$の光と$\omega_1-\omega_2$の光が発生します。前者を和周波発生，後者を差周波発生と呼んでいます。4つの周波数の光が発生するのですが，全てについて位相整合条件を満たすことはできないので，どれか1つに合わせて位相整合を取ることになります。2つの光を入射させる場合の位相整合は，意外と簡単なのです。2本の光の入射方向を調整することによって，特定の非線形光に対して位相整合を取ることができます。第二高調波発生の場合は，位相整合を取る際に屈折率の大きさだけに着目してきました。本当のところは，大きさだけではなく，方向も加味して考えなくてはいけないのです。和周波発生は，短波長域への波長変換，すなわち短波長域におけるコヒーレント光発生に役に立ちます。具体的な例は，後で示します。一方，差周波発生は長波長光を作る際に役に立ちます。接近した周波数の光の差周波発生を使うことによって，既存のレーザーでは実現しにくかった中赤外域やテラヘルツ領域のコヒーレント光を得る手段として有用です。

差周波発生だけを抜き出した**図19-8**下に注目してください。ちょっと見方を変えてみましょう。非線形媒質（$\chi^{(2)}$）に振動数ω_pの強いポンプ光と振動数ω_s（$<\omega_p$）のシグナル光とを入射すると，差周波発生の過程を介してシグナル光が増幅されると同時に振動数$\omega_i=\omega_p-\omega_s$のアイドラ光が発生して増幅されていきます。この過程を光パラメトリック増幅（Optical Parametric Amplifier：OPA）と言います。

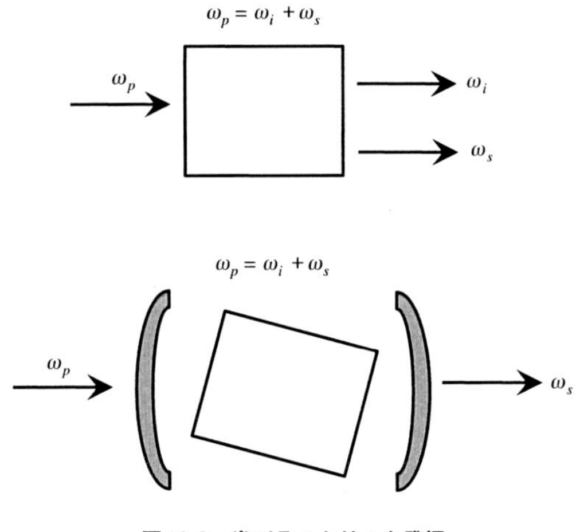

図19-9　光パラメトリック発振

シグナル光を外部から入射せずに，ポンプ光以外の光の入射がない場合でもシグナル光とアイドラ光が発生する場合も起こり得ます。その様子を**図19-9**に描いています。このとき，シグナル光だけを反射する共振器の中に非線形光学結晶を置くことによって，コヒーレントなシグナル光を取り出すことができます。これが光パラメトリック発振（Optical Parametric Oscillator：OPO）です。

図19-9下には，シグナル光に対してだけ共振器となる場合を描いています。OPOで得られるシグナル光とアイドラ光の波長は非線形媒質の位相整合条件によって決定されます。結晶の角度や温度を変えることで発生光の波長をチューニングすることができるので，OPOは波長可変光源として極めて有用です。

非線形光学結晶とそれを使った波長変換の例をいくつか挙げます。**図19-10**上にはYAGレーザーから発振した波長λ=1064 nmの光をKTP（$KTiOPO_4$）結晶でλ=532 nmに変換（SHG）した後，CLBO（$CsLiB_6O_{10}$）結晶で再度SHG変換した結果，λ=266 nm（第四次高調波：λ/4）の光に変換している例です。CLBO結晶における位相整合条件も描いています。同図下にはYAGレーザーから発振した波長λ=1064 nmの光をLBO（LiB_3O_5）結晶

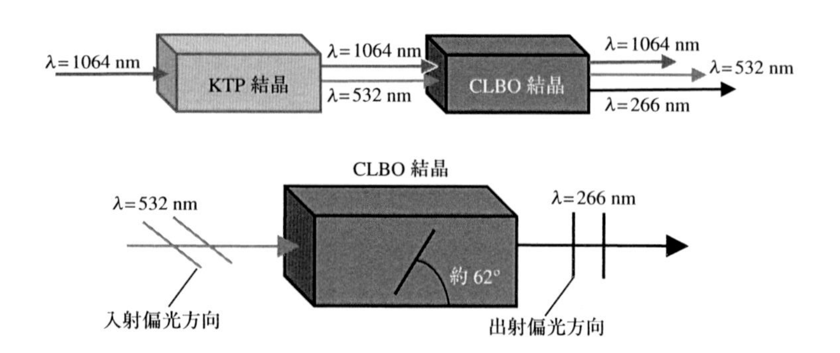

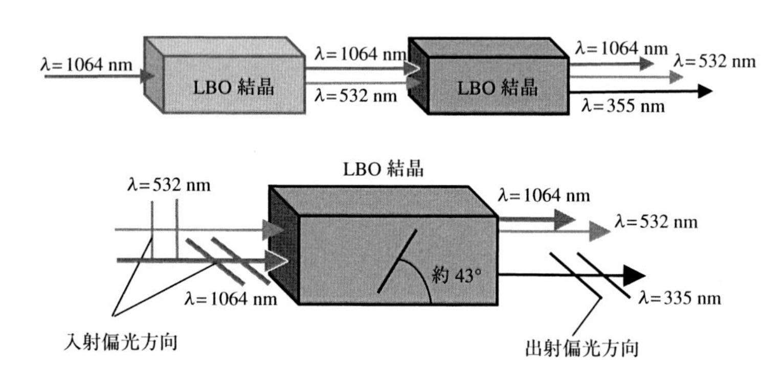

図19-10　非線形光学結晶を使った波長変換の例
(https://www.kogakugiken.co.jp/products/crystal.html)

でλ=532 nmに変換し（SHG），さらにLBO結晶でλ=1064 nmの光とλ=532 nmの光を使って，和周波発生を行い，λ=355 nmの光に変換している（第三次高調波：λ/3）例です。LBO結晶における和周波発生の位相整合条件を描いています。λ=532 nmの光に変換するLBO結晶の結晶軸方位と，λ=355 nmに変換するLBO結晶の結晶軸方位は異なっており，それぞれ用途に合わせて製作する必要があります。

非線形光学結晶は，3種類以上の原子からできており，種類が多くなればなるほど，高品質の単結晶を育てることが難しくなります。非線形光学結晶としては，大型単結晶を作ることができるKDP（KH_2PO_4），周期的反転構造を作るのに適したLN（$LiNbO_3$）やこの結晶にMgOを混ぜたMgLN（MgO：

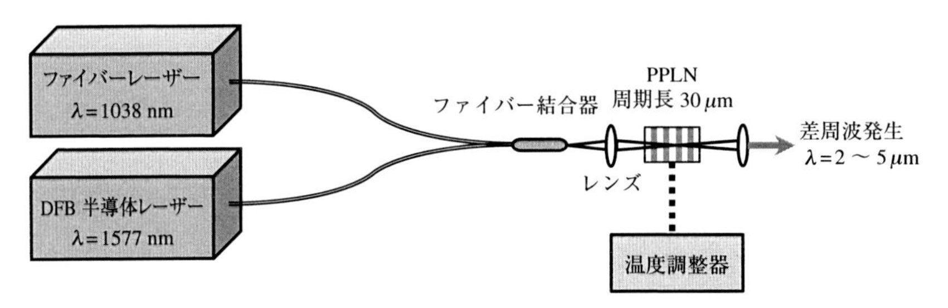

図19-11　差周波発生を利用した赤外コヒーレント光の発生
(http://www.sp.u-tokai.ac.jp/~yamaguchi/DFG/index.htm)

$LiNbO_3$）などが有名です。周期的分極反転構造をさせたものをPPLNやPPMgLNと略することもあります。

図19-11には，PPLNを使って，1038 nmのファイバーレーザーと1577 nmの分布帰還型（DFB）半導体レーザーから差周波発生を行い，2～5 μmの中赤外光を作る方法を描いています。結晶の温度を変化させて位相整合条件を変えることで，波長を変える例を描いています。中赤外光は，環境汚染ガスの吸収分光を有効に使われます。

第20章 新しいレーザー

最後にちょっと特殊な，そして新しいレーザーについてお話しします。レーザーの歴史を振り返ると，波長を短くする方向に進む中，研究者のおかげでエックス線（X線）という極めて短い波長のレーザーが実現しました。それがX線レーザーです。また，レーザーとは直接の関係はありませんが，レーザーと互いに助け合いながら役に立つと思われるシンクロトロン放射光とそれに関係する自由電子レーザーのお話しもします。今までとは全く違う世界です。

1960年にレーザーが発明されてから出力を高く，パルス幅を短く，波長を短くの3つの大きな方向に進歩してきましたが，短波長化への夢はなかなか進みませんでした。世界最初のレーザー発振がルビーレーザーの赤色でしたから，20年間くらいは紫外波長くらいまでしか進みませんでした。1976年にエキシマレーザーの発振に成功したのですが，それでもやっと紫外波長でのレーザーでしかありませんでした。波長が短くなるにしたがって，レーザー発振を実現することが極端に難しくなるのです。ところが，1980年代になって，一気に波長が短くなり，いわゆるX線の領域に入りかけました。

X線は，かの有名なキューリー夫妻が発見したものです。マイクロ波も，電波も，光も，X線も，同じ電磁波の仲間です。単に波長が違うだけなのですが，どこからどこまでをX線と呼ぶかは，科学者の間でもそんなにはっきりしているわけではありません。おおむね，0.03 μm（30 nm）から0.1 nmの波長範囲にある電磁波をX線と呼ぶことが多いようです。場合によっては，0.1 μm以下の波長に限ってX線と呼ぶことがありますが，特別に0.1 μmから0.01 μmの範囲を軟X線と言うこともあります。エネルギーの単位に換算すると，0.03 μmが40 eV，0.1 nmが12 keVに相当します。

波長が短くなるにつれて，電磁波を波長で区別するよりも，むしろエネルギーで区別する方が便利なことが多いのです。その場合に便利な換算式を書

いておくことにします。波長λ（nm）の電磁波のエネルギーE（eV）の間には

$$\lambda(\mathrm{nm}) = 1240/E(\mathrm{eV})$$

の関係があります。1 eVのエネルギーは1.24 μmの波長，10 eVは124 nm，1 keVは1.24 nmとなります。なお，エレクトロンボルト（eV）とは，**図20-1**のように2枚の金属板の間に電圧を加え，その中に電子を入れると，その電子は電圧の高い方に引っ張られる力が働き，電子はエネルギーをもらって加速されます。1 Vの電圧がかかっている金属板間を電子が移動したとき，電子が獲得するエネルギーを1 eV（エレクトロンボルト）と呼んでいます。エレクトロンボルトが電子の得たエネルギーの単位です。

ところで，可視から紫外の波長域において光を出そうとすれば，原子に束縛されている電子の状態を変えることが必要です。電子が原子の中で，高いエネルギー状態から低い状態に変化するときに光を放出します。原子に束縛されている電子でも，できるだけ原子核から遠い電子の方が変化しやすいのは当然のことです。このような状態の変化に伴うエネルギーの変化は，ちょうど可視から紫外の光の波長に相当します。ところで，原子の中でもっと原子核に近い，言い方を変えればエネルギーの高い状態で変化させれば，もっと短い波長の光（電磁波）に対応することになるのです。一方，水素とかヘリウムなどの軽い原子の場合は，原子核の力が弱いので，高いエネルギーの

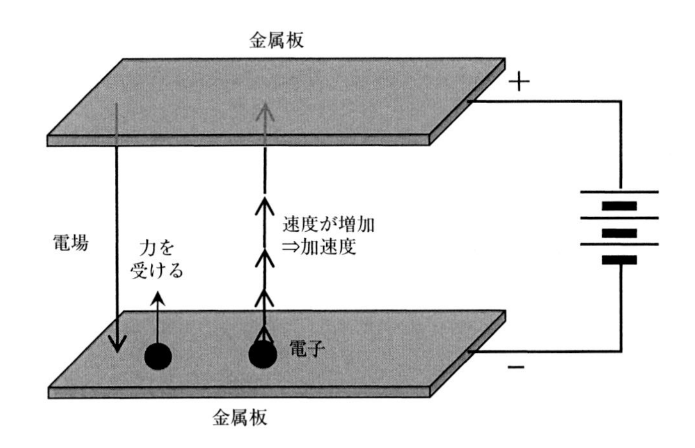

図20-1　エレクトロンボルト（eV）

電子は存在しません。原子は重ければ重いほど，高いエネルギーを持つ電子が存在するのです。水素と比べると，セレンとか銀などの原子番号の大きな原子の方が高エネルギー電子状態を含んでいます。このような原子核に近い高エネルギーの電子を内殻電子と呼んでいます。内殻電子は原子核から強い力で引きつけられているので，それを引き離すためには大きな力，すなわち大きなエネルギーが必要になります。例として，**図20-2**に電子状態が描いてあるセレン（Se）を取り上げましょう。真ん中に原子核があって，まわりの電子を引きつけており，原子をつくっています。Se原子の原子番号は34なので，34個の電子を持っています。34個の電子を引きつけているので，原子核は+34の電荷を持っています。この数が大きいほど，力が強いことになります。例えば，セレン原子にエネルギーを与えて内殻にある電子を原子の外に飛び出してきたとしましょう。すると，電子の穴ができます。外側の電子がこの穴に落ち込むと，そのときにエネルギー差に相当する電磁波が出ます。できた穴が高いエネルギーの状態なので，落ち込んできた電子も大きなエネルギーを放出することになって，光よりもはるかに短い波長の電磁波を出すことになります。これがX線の発生原理です。このようにお話しすると，光もX線も同じ電磁波の仲間であることがお分かりいただけると思います。

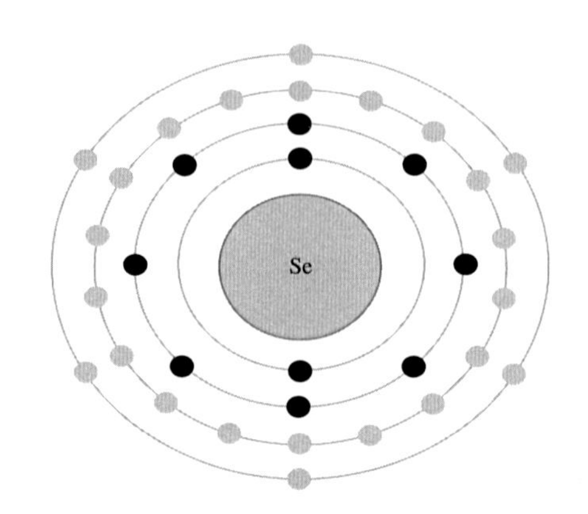

図20-2　セレン原子の電子構造

X線の発生についてお話ししましたが，これをレーザーにするためには，他のレーザーと同じく反転分布が必要です。しかしながら，これが実に難しいのです。内殻電子を上の準位に上げるためには非常に大きなエネルギーが必要なのです。したがって，極めて短時間に大変高いピークパワーを持つ光でポンピングしなければなりません。場合によっては，ほとんど全部の電子を原子から開放することになります。丸裸の原子を作って，電子が再び内殻

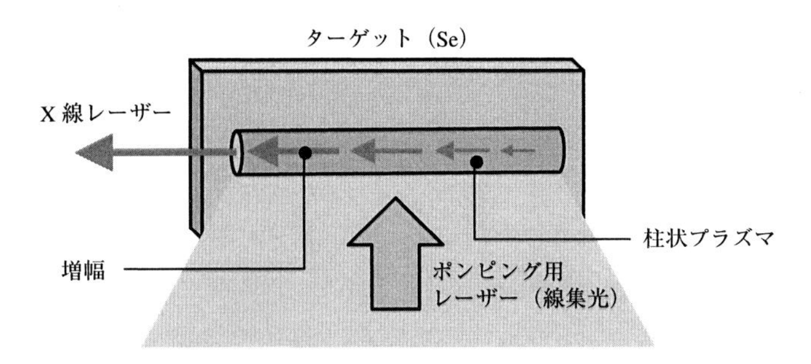

図20-3　レーザー励起X線レーザー

にまで落ちてくるのを待つのです。そして，内殻のエネルギー準位間で反転分布を作ります。

1 ns（10^{-9}秒）の短い時間に1兆ワット（10^{12} W＝1 TW（テラワット））のレーザーパルスを金属薄膜ターゲットに照射します。このような高いパルスが金属に当たると，金属の原子を蒸発させるだけでなく，ほとんどすべての電子を原子核の束縛から解き放し，裸に近い状態の原子を作ることができるのです。温度が上昇し，原子核の周りを回っていた電子が原子から離れて，陽イオンと電子に分かれます。この現象は電離と呼ばれています。そして，電離によって生じた荷電粒子を含む気体をプラズマと呼ばれています。

図20-3のように，ポンピングのためのレーザービームを細い線状にしておくと，金属原子の反転分布が線状に作られ，X線がこの中を通過するときに増幅されるのです。その結果，コヒーレントなX線ビームが得られます。最初にセレン（Se）で実現し，3.5 nmの波長でコヒーレントなX線を作り出したのです。厳密に言いますと，**図20-2**に描いているように，Seが持っている34個の電子の内，灰色で描いてある24個の電子を原子核から解き放つと，図の黒丸の1*s*（2）2*s*（2）2*p*（6）の10個の電子が残った，Se^{+24}イオンができます。Se^{+24}イオンはNe原子と同じ電子配置を持っていることから，このイオンをNe陽イオンと言う場合もあります。この状態で，**図20-4**のように一番外側になる2*p*（6）電子の1個を3*p*準位にポンピングすると，3*p*準位と直下の3*s*準位の間に反転分布ができます。これを利用したのがSe-X線レーザーです。

この段階では，想像を絶するほどの大型レーザー装置で作られたレーザーパルスが必要でした。X線レーザーを実現するためには，特別に作られた大型レーザー設備が必要だと考えられたのです。その後，いろいろな金属で試みられ，いろんな波長でX線レーザーが実現されています。この場合，極めて高いピークパワーを持ったポンピングレーザーパルスで原子のイオン化とそのイオンのポンピングを行う方式でした。一度実現されてしまうと，いろいろと技術の開発が進み，実現されるまでは考えられなかったような簡単な装置でもX線レーザーが作られてしまうのです。同じ話しは，科学技術の進歩の世界では，いろいろな場面で登場します。X線レーザーも例外ではありませんでした。今では，1,000分の1以下のレーザーパルスを使ってX線レーザーが実現されているのです。大学の研究室でも作ることができる大きさのレーザーでも，X線レーザーを作ることができるようになりました。最初は極めて低い出力しか得られませんでしたが，出力の大きなX線レーザーを作るのにそんなに時間はかかりません。今では，実験台の上に乗る程度の大きさのレーザーを使ってX線レーザーが簡単にできる時代になってきました。20年前には，想像すらできない状況です。これなどは，科学の進歩の速さを目の当たりにする良い例でしょう。

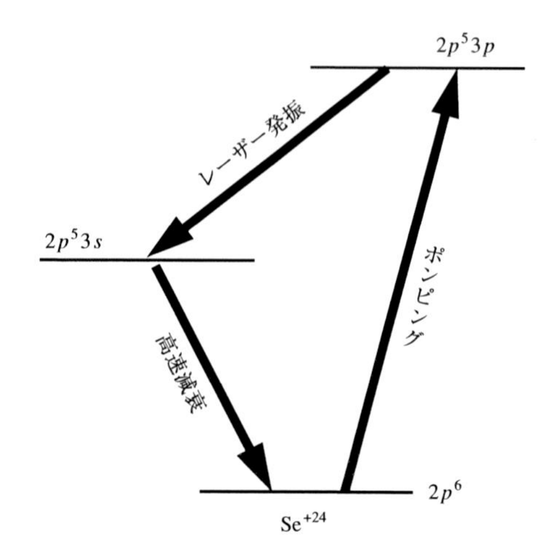

図20-4　セレンX線レーザーにおける反転分布

X線レーザーのための反転分布をつくるための技術開発はどんどん進んでいきましたが，一方では共振器ミラーの開発が重要となってきました。レーザーである以上，共振器ミラー無くしては語ることができません。異なる金属の薄い層を何層も積み重ねてやると，金属の種類と厚さと層数によって，特定の波長のX線に対する反射率の高いミラーを作ることができます。このことは以前から分かっていたのですが，厚さを正確に制御する技術の開発が未熟だったのです。しかしながら，最近では均質な金属膜を極めて正確な厚さで作る技術が開発され，X線レーザー用のミラーを作ることができるようになっています。分子線エピタキシャル法（MBE：Molecular Beam Epitaxial）やプラズマ化学気相堆積法（プラズマCVD：Chemical Vapor Deposition），場合によってはレーザー化学堆積法（レーザーCVD）も有効な方法です。この技術によって，X線レーザーが現実のものとなりました。ところで，X線レーザーは何の役に立つのでしょうか？　その強度が強いことを利用して，医療診断，材料開発，さらには生体細胞の3次元構造を見ることのできるX線ホログラフィなどに利用されています。半導体の超高密度LSIを作るのにも役に立ちそうです。

原子内の電子状態の変化だけではなく，高速で運動する電子を急に制止させた時にもX線が発生するのです。一般的には，荷電粒子が加速度運動をするときに電磁波を発生します。高速電子を制止させた時は，減速ですが，速度が時間と共に変化するのは同じです。レントゲン写真を撮影するときに使われているX線管について，**図20-5**にその中身を描いています。電圧を印加して電子を高速運動させます。この電子を，対面に配置した金属でできたターゲットにぶつけて，電磁波を発生します。この様子を詳細に見てみましょう。電子は極めて小さな粒子です。これがターゲットの金属板の表面と衝突

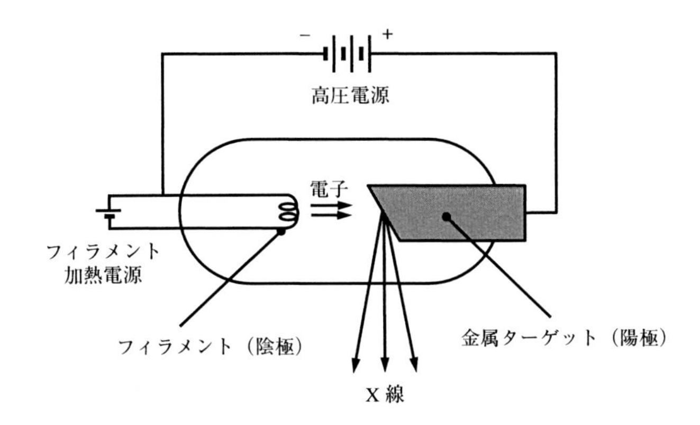

図20-5　レントゲン撮影用X線管球

して静止するはずがありません。金属は原子核と電子で構成されていますが，原子核と電子がぎっしり詰まっているわけではなく，スカスカなのです。高速電子がターゲットで制止されるのは，金属の原子核付近を通過するとき，電子は原子核の正電荷に引かれて方向を変えます。これを繰り返している間に電子は運動エネルギーを失っていき，最後には静止することになります。確率は極めて低いですが，高速電子は金属内の電子と衝突することもあります。衝突された電子は，弾き飛ばされて空席ができます。この空席に上の準位から電子が落ちてきて，X線レーザーのところでお話ししたのと同じメカニズムでX線を発生します。このX線の波長は，電子のエネルギー準位で決まります。そこで，このようなメカニズムで発生するX線を特性X線と呼んでいます。一方，高速電子が制止するときに発生するX線は，広い波長範囲にわたっており，白色X線と呼んでいます。医療用のレントゲン写真にはこの白色X線が使われています。

ところで，加速度運動は，等速運動している電子の方向を変えたときにも見られます。具体的には，**図20-6**のように，磁石がつくる磁場の中を等速運動している電子が通過するとき，図に描いてあるような方向に力を受け，磁場の周りを回り込むような運動をすることになります。この時に，図に描

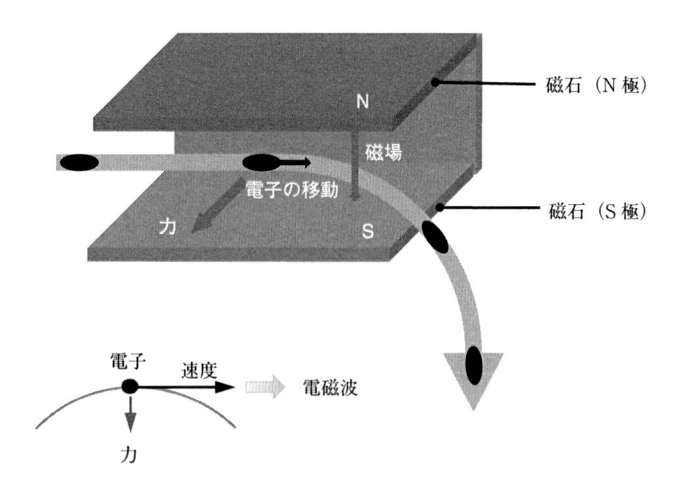

図20-6　シンクロトロン放射光

いてあるような電磁波が発生します。電子の運動速度と曲げる角度にもよりますが，一般的にはX線，紫外，可視光から遠赤外領域までの非常に広い範囲の電磁波が発生します。

高いエネルギーを持つ電子が磁場の中を横切るときに出す白色光をシンクロトロン放射光と言います。宇宙ではありふれた現象ですが，人工的にシンクロトロン型の加速器で発生するのでこの名がつきました。電子のエネルギーが高いというのは，電子の速度が光のそれに極めて近いことを目安にしています。結論から言えば，シンクロトロン放射は，遠赤外からX線の極めて広い波長範囲におよぶ光を出すことができる光源となるのです。このために，シンクロトロン放射光は人工太陽とも呼ばれています。レーザーは，エネルギー準位間の遷移を使っているので，特定の波長の光しか出すことしかできません。エネルギー準位が広がっているので，広い波長範囲の発振が可能な色素レーザーやチタンサファイアレーザーのような波長可変レーザーもありますが，波長を変えることができる範囲はたかがしれています。この点で，シンクロトロン放射光は，通常の光源と比べるとはるかに強い光を作り出すことができるので，まさに夢の光源と言えるでしょう。

周期的に変化する磁場の中を電子が通過するときにも光を出します。周期的な磁場は，N極とS極が交互になるように永久磁石を並べることによって作ります。その様子を**図20-7**に描いています。最初の磁石がN極を上に向けていると，次の磁石はS極を上に向けており，その次の磁石はN極を上に

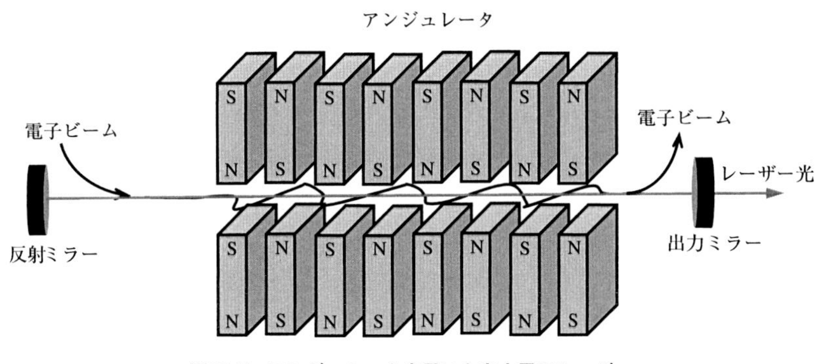

図20-7　アンジュレータを用いた自由電子レーザー

向けています。電子が磁石の作る磁場の中に入ると，力を受けることになって，その進路が曲げられます。最初の磁石が電子の運動をある方向に曲げるとすると，2番目の磁石が逆方向に曲げることになります。このような磁石の配列の中を電子が通過すると，電子の運動方向が，図のようにジグザグに曲げられることになります。このような周期的な磁場のことをアンジュレータと呼んでいます。道路がでこぼこしている状態をアンジュレータと言いますが，同じ意味です。周期的な磁場中を電子が通過するときに，電子の持つエネルギーの一部を光の形で放出します。

アンジュレータの中を進行する電子に共振周波数の電磁波を重ねると，電子は電磁波の電場によって減速されて電磁波を発生し電磁波が増幅されます。これが誘導放出で，自由電子レーザーの原理です。発生する電磁波を有効に利用するためには，**図20-7**のようにアンジュレータの両端にミラーを設置します。そして増幅率が大きくなると発振します。自由電子レーザーの特徴は，単色で波長が可変なことです。また，従来のレーザーでは利用が困難な遠赤外及び真空紫外から軟X線領域でも使用が可能です。

自由電子レーザーで得られる波長は，磁場の周期の間隔が短くなればなるほど短くなりますし，電子の持つエネルギーが大きくなるにしたがっても短くなります。逆に言えば，短い波長で自由電子レーザーの発振を達成しようとすれば小さくて強力な磁石を使って磁場の周期を短くし，さらにエネルギーの高い電子を利用することにあると言えるでしょう。

ところで，自由電子レーザーで働いている電子は束縛されていない電子なので，ある特定のエネルギー準位に固定されていません。自由電子レーザーの場合，発振波長はアンジュレータの磁石の間隔，あるいは電子のエネルギーを変えることによって，波長を変化させることができます。普通は，電子のエネルギーを変えることによって発振波長を変化させます。というのも，アンジュレータの磁石の周期を変えることは簡単にはいかないからです。自由電子レーザーの最大の特徴は波長を変えることができることにありますが，その範囲がマイクロ波から軟X線に及ぶ非常に広い範囲に及んでいることにあります。今までに見てきた波長可変レーザーとは比べものにならない程広い範囲にわたる波長可変性にあります。それも電子のエネルギーを変えることで簡単に波長を変えることができるのです。

このような自由電子レーザーは，これからのレーザーのように思われますが，医療診断や治療，科学研究などに幅広く利用されるようになることは間違いありません。もちろん，テーブルに乗る程度の大きさの自由電子レーザーが望ましいことは言うまでもありません。楽しみな話題です。

自由電子レーザーが実現されると，次の目標はX線領域における自由電子レーザーの開発です。X線自由電子レーザーは，電子銃から飛び出した電子ビーム（自由電子）を線型加速器で光速に近い速さまで加速し，アンジュレータで蛇行させます。蛇行させた際に放出される放射光と蛇行している電子ビームが干渉を起こすことで，非常に短い波長のレーザー（X線レーザー）が発振します。

波長が短くなるとミラーの反射率が低下し，X線になると反射できるミラーが存在しなくなります。そこで，ミラーで何回も反射させる代わりに，アンジュレータを十分に長くし，光と電子の相互作用で，後ろの電子が出る光の波長に合わせて，前の電子が次々と並ぶようになり，同位相の電子集団ができるため，コヒーレントなX線が得られます。この様子を**図20-8**に描いています。

兵庫県にある大型シンクロトロン放射光施設（**図20-9**）に隣接するX線自由電子レーザー施設（SACLA）では，**図20-10**のような800 mの長さのアンジュレータを使って世界最短の0.1 nm（1×10^{-10} m）のX線レーザー発振に成功しています。

X線レーザー，シンクロトロン放射光，自由電子レーザーについてお話ししてきました。いずれも未来技術であり，完成されたものではありません。

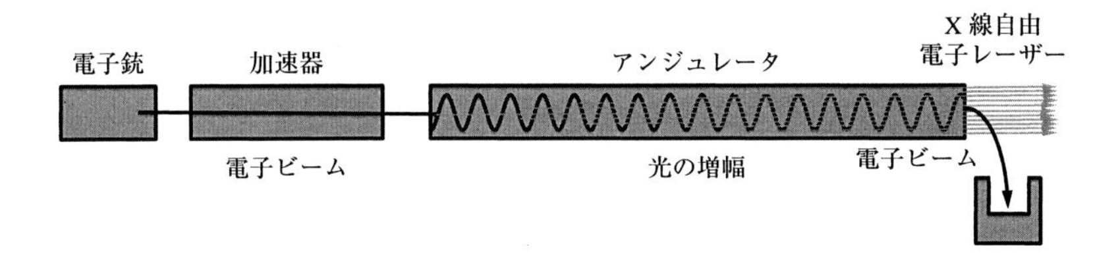

図20-8　X線自由電子レーザー

図20-9　Spring-8に隣接するX線自由電子レーザー施設「SACLA」
（提供：理化学研究所 放射光科学総合研究センター）

図20-10　X線自由電子レーザー施設におけるアンジュレータ
（提供：理化学研究所 放射光科学総合研究センター）

しかし，非常におもしろい分野であることは間違いありませんし，レーザー科学だけでなく，一般的な光科学にとっても目が離せません。わくわくします。

これでレーザーそのもののお話しは，ここで一旦終わることにします。機会がありましたら，レーザーを利用した技術のお話しができればと思います。

ゼロから始める
レーザーの教科書

定価（本体1,852円+税）

平成29年4月24日　第1版第1刷発行

著　者　黒澤　宏
編　集　オプトロニクス社
発行所　㈱オプトロニクス社
〒162-0814
東京都新宿区新小川町5-5 サンケンビル1F
Tel.03-3269-3550㈹　Fax.03-3269-2551
E-mail：editor@optronics.co.jp（編集）
booksale@optronics.co.jp（販売）
URL：http://www.optronics.co.jp
印刷所　大東印刷工業㈱

ISBN978-4-902312-55-3 C3055 ¥1852E